高等职业教育教学改革系列精品教材

激光原理与技术

孙冬丽　黄　焰　主　编

肖　彬　李　勇　石金发
　　　　　　　　　　　　副主编
黄剑锋　屈龙祥

卢飞星　主　审

電子工業出版社

Publishing House of Electronics Industry

北京 • BEIJING

内 容 简 介

本书阐述了激光的工作原理、结构和应用，主要内容包括：激光基本知识、激光器工作原理、激光器光学谐振腔特性、激光基本技术、典型激光器、激光加工技术和激光原理实验，是作者多年来在专业学习、教学实践的基础上编写而成的。本书突出了高职高专的特点，避免了大量数学公式的推导，着重在于基本内容的介绍和实践能力的培养，力求能够更好地适应高职高专院校学生。

本书可以作为中职、高职高专院校光电类相关专业的教材，也可以供从事相关工作的工程技术人员参考使用。

图书在版编目（CIP）数据

激光原理与技术 / 孙冬丽，黄焰主编. —北京：电子工业出版社，2017.1

高等职业教育教学改革系列规划教材

ISBN 978-7-121-30518-4

Ⅰ. ①激… Ⅱ. ①孙… ②黄… Ⅲ. ①激光理论－高等职业教育－教材②激光技术－高等职业教育－教材 Ⅳ. ①TN241

中国版本图书馆 CIP 数据核字（2016）第 289954 号

策划编辑：王艳萍

责任编辑：王艳萍

印　　刷：北京虎彩文化传播有限公司

装　　订：北京虎彩文化传播有限公司

出版发行：电子工业出版社

北京市海淀区万寿路 173 信箱　邮编 100036

开　　本：787×1 092　1/16　印张：8.75　字数：224 千字

版　　次：2017 年 1 月第 1 版

印　　次：2022 年 6 月第 5 次印刷

定　　价：35.00 元

前　言

本书阐述了激光工作原理、结构和应用，是作者多年来在专业学习、教学实践的基础上编写而成的。本书突出了高职高专的特点，避免了大量数学公式的推导，着重在于基本内容的介绍和实践能力的培养，力求能够更好地适应高职高专院校学生。

本书内容安排循序渐进、结构清晰，实践性和实用性强，省掉了烦琐的公式推导，注重结论的理解，让初学者做到学用结合，即学即用，更适合高等职业院校对高技能型人才培养的需求。

本书由武汉软件工程职业学院一批具有丰富教学经验及企业实践经历的老师编写，其中项目 1、2 由孙冬丽老师和黄剑锋老师编写，项目 3 由肖彬老师编写，项目 4、7 由黄焰老师和屈龙祥老师编写，项目 5 由石金发老师编写，项目 6 由李勇老师编写。全书由孙冬丽老师统稿。

本书的编写得到了武汉软件工程职业学院的大力支持，王中林教授和杨晟副教授对本书的编写提出了宝贵的建议，武汉华工激光有限公司卢飞星提出了指导意见，在此谨表示衷心的感谢。

由于作者水平有限，书中难免会出现错误和不足，欢迎广大读者、专家批评指正。

编　者

目　　录

项目 1　激光基本知识

知识目标

- 掌握光和物质相互作用的特性
- 了解光的基本性质和光谱线增宽特性

能力目标

- 熟练掌握光和物质相互作用的三个过程

任务 1.1　原子的特性

光的辐射既是电磁波又是粒子流，激光是在人们认识到光有这两种相互对立而又相互联系的性质后才发明的。因此要想了解激光，首先要先了解光的基本性质。

1.1.1　光的基本性质

（1）光的波粒二象性

光的基本性质是波粒二象性，即波动性和粒子性。牛顿首先提出了微粒说，认为光是一个一个的粒子。而后惠更斯提出波动说，认为光是一种波，具有波动性。最后爱因斯坦提出了光子说，认为光既是粒子也是电磁波，从而人们认识到光子具有波动性和粒子性，并且两者是同时存在的。光既是电磁波也是光子流，具有波动的性质，有一定频率和波长，也是具有一定能量和动量的物质粒子。只是在一定条件下，粒子性明显，另外一种条件下，波动性明显而已。

（2）光的特性参数

光波的特性参数为光速υ、频率ν和波长λ，真空中光的传播速度c为

$$c \approx 3\times10^{8}\ \mathrm{m/s} \tag{1-1}$$

在某种介质中，光速、频率和波长之间的关系为

$$\upsilon = \lambda\nu \tag{1-2}$$

光子在各种介质中传播时，保持其原有频率不变，而介质中的光速为

$$\upsilon = c/\mu \tag{1-3}$$

式中，μ为介质的折射率。

光子具有能量ε和动量$\vec{P}$，它们与光波的频率之间关系为

$$\varepsilon = h\nu \tag{1-4}$$

$$\vec{P} = \frac{h}{2\pi}\vec{k} \tag{1-5}$$

式中，$h = 6.63\times10^{-34}\ \mathrm{J\cdot s}$，称做普朗克常数。$\varepsilon$为每一个光子的能量，光的能量就是所有光子能量的总和。

公式（1-4）和公式（1-5）体现了光的波粒二象性的内在联系。光的频率越高，光子的能量就越大。

1.1.2 原子的能级

玻尔在解释原子光谱实验规律时，将经典的理论与普朗克的能量量子化概念结合在一起，认为原子中的电子可以在一些特定的轨道上运动，并具有一定的能量。这样一来，每种原子就有一系列的与不同定态对应的能级，各能级间的能量不连续。

（1）原子能级

物质是由原子、分子或离子组成的，而原子由带正电的原子核及绕核运动的电子组成。原子中电子的状态由四个量子数确定：主量子数 n 、辅量子数 l 、磁量子数 m 和自旋磁量子数 m_z 。电子具有的量子数不同，表示电子的运动状态不同。表 1-1 为四个量子数。

表 1-1 四个量子数

名　称	取　值	物理意义
主量子数	$n=1,2...$	电子能量的主体
辅量子数	$l=0,1,2,....,n-1$ $L=\sqrt{l(l+1)}n$	确定的能级角动量的可能取值，对总能量有一定影响
磁量子数	$m_1=0,\pm1,...,\pm l$ $L_z=m_1 n$	“轨道”角动量在磁场中可能的取向，能级分裂
自旋磁量子数	$m_z=\pm\frac{1}{2},S_z=\pm\frac{n}{2}$	谱线精细结构

在孤立原子中，原子核外的电子按照一定的壳层排列，每一壳层容纳一定数量的电子。电子在一系列确定的分离状态运动时，相应有一系列分离的不连续的能量值，这些能量通常叫做电子的能级。电子能级描述原子中电子的运动规律，用一条条高低不同的水平线表示电子的能级，依次用 E_1 ， E_2 ， E_3 ， …， E_n 表示，如图 1-1 所示。

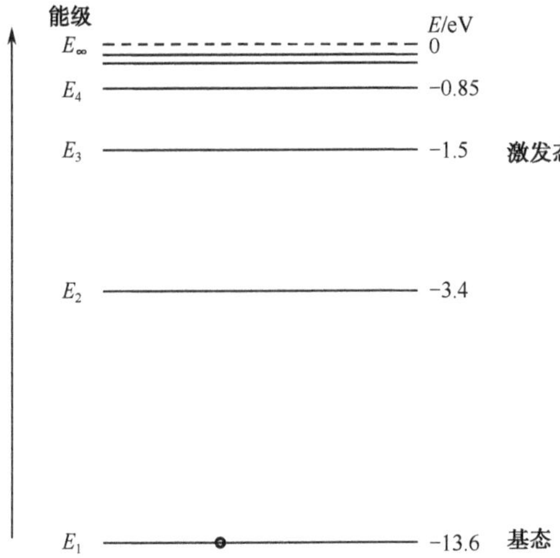

图 1-1 氢原子能级图

原子处于最低的能级状态称为基态，能量高于基态的其他能级状态称为激发态。E_1 ，E_2 ，E_3 ， …， E_n 能级的能量越来越高，能量高的称为高能级，能量低的称为低能级。

两个或两个以上的不同运动状态的电子可以具有相同的能级，这样的能级叫做简并能级。

同一能级所对应的不同电子运动状态的数目叫做简并度，用字母 g 表示。

（2）粒子数反转

之前讨论的都是单个原子的能级情况，但实际工作中要处理大量的原子系统，现考虑由 n_0 个相同原子（分子或离子）组成的系统，在热平衡条件下，原子数按能级分布服从玻尔兹曼定律：

$$n_i \propto g_i e^{-E_i/kT} \tag{1-6}$$

式中，g_i 为 E_i 的简并度；k 为玻尔兹曼常数；T 为热平衡时的绝对温度；n_i 为处在 E_i 能级的原子数。

由式（1-6）可知，将处在 E_m 能级的原子数 n_m 和处在 E_n 能级的原子数 n_n 进行比较，满足以下关系：

$$\frac{n_m/g_m}{n_n/g_n} = e^{-\frac{(E_m-E_n)}{kT}} \tag{1-7}$$

假设 $g_m = g_n$，则有

$$\frac{n_m}{n_n} = e^{-\frac{(E_m-E_n)}{kT}} \tag{1-8}$$

对式（1-8）进行讨论：

① 如果 $\Delta E = E_m - E_n << kT$，则 $\frac{n_m}{n_n} \approx 1$，即 E_m 和 E_n 的粒子数基本相同。

② 如果 $\Delta E = E_m - E_n >> kT$，则 $\frac{n_m}{n_n} \to 0$，即较高能级的粒子数很少，绝大部分都在较低能级。

③ 因为 $T > 0$，若 $E_m > E_n$，则总有 $n_m < n_n$，即高能级的粒子数总是低于低能级的粒子数，处在基态的粒子数最多，能级越高粒子数越少。

以上讨论的是在热平衡条件下，玻尔兹曼分布如图 1-2 所示。在非热平衡条件下，会出现如下情况：当 $E_m > E_n$ 时，有 $n_m > n_n$，即高能级的粒子数大于低能级的粒子数，这种情况叫做粒子数反转，如图 1-3 所示。这是激光形成的必要条件之一。

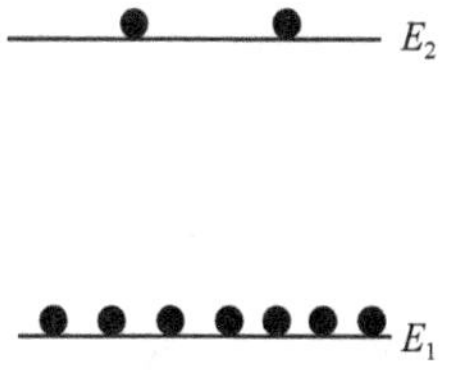

图 1-2 玻尔兹曼分布

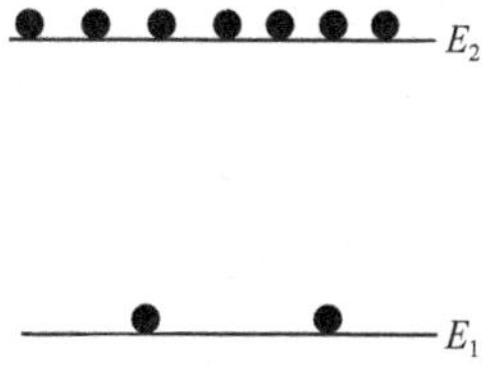

图 1-3 粒子数反转

任务 1.2 光的辐射

1. 原子跃迁

当原子从某一能级吸收了能量或释放了能量，跳到另一能级时，称之为跃迁。跃迁有辐射跃迁和非辐射跃迁两种。

（1）辐射跃迁

原子的能级中，能级低的状态比较稳定，因此一个处于高能级的原子 E_2，总是力图使自己的能量状态过渡到低能级 E_1。在满足辐射跃迁选择定则的情况下，处于高能级的原子 E_2 通过发射一定能量，使它跃迁到低能级 E_1。相反，在满足辐射跃迁选择定则的情况下，一个处于低能级 E_1 的原子吸收一定能量跃迁到高能级 E_2，这种因发射或吸收光子从而使原子造成能级间跃迁的现象叫做辐射跃迁。跃迁时所吸收或释放的能量必须等于发生跃迁的两个能级之间的能级差。

如果吸收或辐射的能量都是光能的话，此过程表示为

$$\varepsilon = h\nu = E_2 - E_1 \tag{1-9}$$

（2）非辐射跃迁

原子在不同能级跃迁时，并没有光子的发射或者吸收，而把多余的能量传递给了别的原子或者吸收别的原子传给它的能量，这种跃迁叫做非辐射跃迁。非辐射跃迁不受选择定则的限制，比如原子间的碰撞，原子与自由电子的碰撞等。

2．光和物质的作用

爱因斯坦从辐射与原子相互作用的量子论出发提出了跃迁的形式，即光与物质的相互作用有三种基本过程：自发辐射、受激辐射和受激吸收。三种基本过程中受激辐射是激光器的物理基础。

对于一个系统，三个过程是同时存在的，只是不同情况下，各个过程所占比例不同。如普通光源中自发辐射起主要作用，激光器工作过程中受激辐射起主要作用。大量原子系统中，能级间的跃迁很复杂，在这里只讨论两个能级 E_1 和 E_2 之间的跃迁。

（1）黑体辐射

处于某一温度 T 的物体能够发出和吸收电磁辐射。如果某一物体能够完全吸收任何波长的电磁辐射，则称此物体为绝对黑体，简称黑体。如图 1-4 所示，空腔辐射体就是一个比较理想的绝对黑体。从外界射入小孔的任何波长的电磁辐射都将在腔内来回反射而不再逸出腔外。物体除吸收电磁辐射外，还会发出电磁辐射，这种电磁辐射称为热辐射或温度辐射。

若黑体处于某一温度 T 的热平衡情况下，它所吸收的辐射能量和发出的辐射能量相等，即处于平衡状态。该平衡状态必然导致腔内存在完全确定的辐射场，称为黑体辐射或平衡辐射。

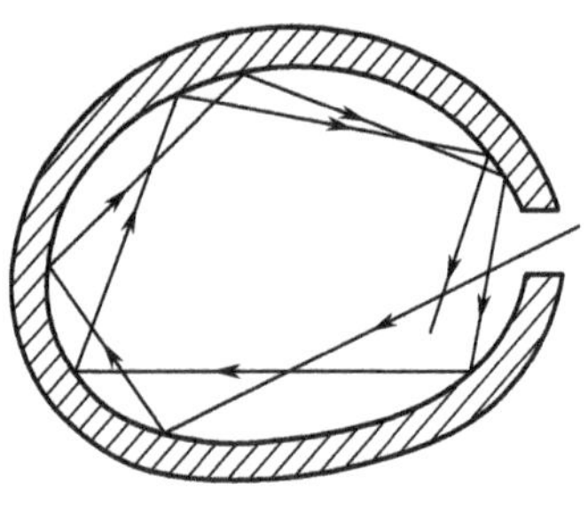

图 1-4　黑体辐射

黑体辐射普朗克公式为

$$\rho_\nu = \frac{8\pi h\nu^3}{c^3}\frac{1}{e^{\frac{h\nu}{kT}}-1} \tag{1-10}$$

式中，ρ_ν 为单色辐射能量密度，定义为辐射场中单位体积内，频率在 ν 附近的单位频率间隔中的辐射能量，k 为玻尔兹曼常数，T 为热力学温度，h 为普朗克常量，c 为真空中光的速度。

式（1-10）也称为普朗克黑体辐射的单色辐射能量密度公式。

（2）自发辐射

在通常情况下，没有外界影响时，处于高能级 E_2 的原子自发从高能级向低能级 E_1 跃迁，并发射一个能量为 $h\nu$ 的光子的过程称为自发辐射跃迁。

$$h\nu = E_2 - E_1 \tag{1-11}$$

自发辐射的过程如图 1-5 所示。自发辐射的光是非相干光，即每个发生辐射的原子可以看成独立的单元，相互之间没有联系，各列光波频率虽然相同，但没有固定的相位，传播方向不同，是一个杂乱无章的随机过程，普通光源的发光过程为自发辐射过程。

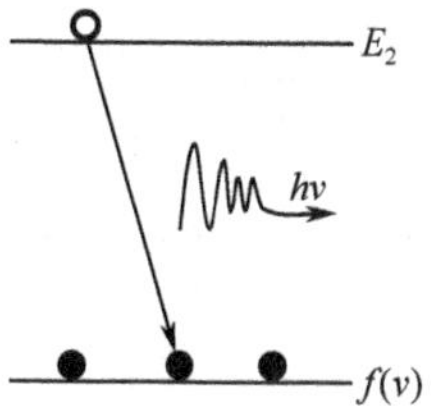

图 1-5　自发辐射

自发辐射中，单位时间内从上能级跃迁到下能级的原子数目为

$$\left(\frac{\mathrm{d}n_{21}}{\mathrm{d}t}\right)_{\mathrm{sp}} = A_{21}n_2 \tag{1-12}$$

式中，n_2 表示某时刻处于高能级 E_2 上的粒子数密度，即单位时间内的原子数。$\mathrm{d}n_{21}$ 为 $\mathrm{d}t$ 时间内自发辐射粒子数密度，sp 表示自发辐射跃迁，A_{21} 为自发跃迁概率，又称为爱因斯坦自发跃迁系数。

自发辐射跃迁的过程是一种只与原子本身的性质有关，而与辐射场无关的自发过程。

E_2 能级的粒子平均寿命 τ_2 为

$$\tau_2 = \frac{1}{A_{21}} \tag{1-13}$$

即 E_2 能级的粒子平均寿命为自发跃迁概率的倒数。

3. 受激辐射

处于高能级 E_2 上的原子在频率满足 $h\nu = E_2 - E_1$ 的辐射场激励作用下，或在频率满足 $h\nu = E_2 - E_1$ 的光子诱发下，向低能级 E_1 跃迁并辐射一个与激励辐射场或诱发光子的状态（包括频率、运动方向、偏振方向、位相等）完全相同的光子的过程称为受激辐射，如图 1-6 所示。

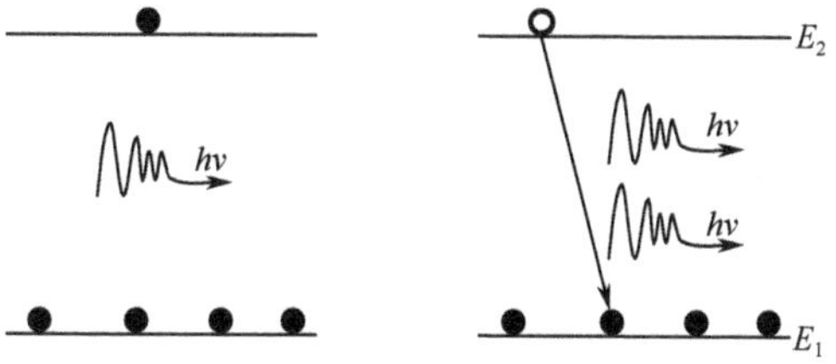

图 1-6　受激辐射

受激辐射产生的光子与原来的光子具有完全相同的状态，受激辐射得到的光是相干光。

由图 1-6 可知，受激辐射的结果使外来的光强得到放大，即光经受激辐射后，特征完全相同的光子数增加了。光的受激辐射过程是产生激光的基本过程。

受激辐射跃迁与自发辐射跃迁的区别在于受激辐射跃迁是在辐射场的作用下产生的，得到的光是相干光。而自发辐射产生的是非相干光。

受激辐射用受激辐射跃迁概率 W_{21} 来描述，它定义的方式类似于自发辐射跃迁概率：

$$W_{21}n_2 = B_{21}\rho_\nu = \left(\frac{\mathrm{d}n_{21}}{\mathrm{d}t}\right)_{\mathrm{st}} \tag{1-14}$$

式中，st 表示受激跃迁，B_{21} 是一个比例常数，是原子能级系统的特征参量，它的数值由不同原子的不同能级间跃迁而定，称为爱因斯坦受激辐射系数。

W_{21} 表示 E_2 能级上每一个粒子单位时间内发生受激辐射的概率。

4. 受激吸收

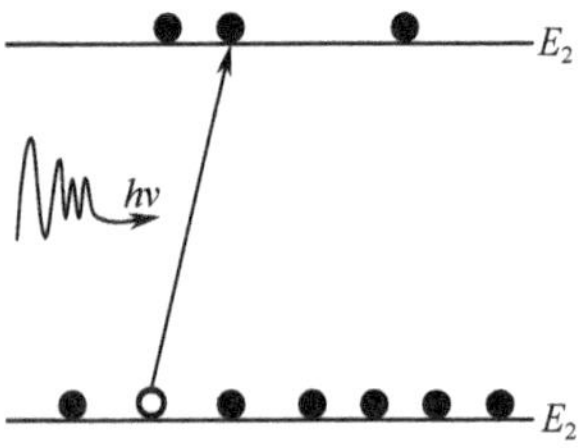

图 1-7　受激吸收

光的受激吸收是与受激辐射相反的过程，处于低能级 E_1 上的一个原子在频率满足 $h\nu = E_2 - E_1$ 的辐射场作用下，或吸收一个光子后向高能级 E_2 跃迁的过程，称为受激吸收，如图 1-7 所示。

受激吸收跃迁概率为

$$W_{21}n_1 = B_{12}\rho_\nu n_1 = \left(\frac{\mathrm{d}n_{12}}{\mathrm{d}t}\right)_{\mathrm{st}} \tag{1-15}$$

式中，$\mathrm{d}n_{12}$ 为 $\mathrm{d}t$ 时间内受激吸收粒子数密度，n_1 为 E_1 能级粒子数密度。B_{12} 是一个比例常数，是原子能级系统的特征参量，它的数值由不同原子的不同能级间跃迁而定，称为爱因斯坦受激吸收系数。

W_{21} 表示 E_1 能级上的每一个粒子单位时间内因受激吸收而跃迁到 E_2 能级上总粒子数密度的百分比。

5. 三者之间的关系

事实上，在光和大量原子系统的相互作用中，自发辐射、受激辐射和受激吸收三个过程是同时发生的，它们之间密切相关，它们之间的相互作用达到动态平衡条件下，有下述关系：

$$A_{21}n_2\mathrm{d}t + B_{21}n_2\rho_\nu\mathrm{d}t = B_{12}n_1\rho_\nu\mathrm{d}t \tag{1-16}$$

即

自发辐射光子数+受激辐射光子数=受激吸收光子数　　（1-17）

而爱因斯坦系数之间的关系为

$$\frac{A_{21}}{B_{21}} = 8\pi h\nu^3 / c^3 \tag{1-18}$$

$$g_1B_{12} = g_2B_{21} \tag{1-19}$$

任务 1.3　光谱线增宽

1.3.1　光谱线

将光源发出的光通过光谱仪，那么在照相底板上的不同位置便可得到由若干条亮度不等的线所组成的光谱。其中每一条线称为光谱线，它代表光源发光中的某一波长成分。不同光源所发光的波长成分不一样，就有不同的光谱。

在前面的讨论中，总是认为原子的能级是无限窄的，因而在上能级 E_2 与下能级 E_1 之间跃迁产生的辐射是单色光，即频率满足 $h\nu_0 = E_2 - E_1$。然而，实际上使用分辨率很高的摄谱仪拍摄原子的发光光谱，所得到的每一条光谱线是具有有限宽度的，即原子能级具有一定的宽度，辐射出的光子并不是单色的，而是分布在中心频率 ν_0 附近一个很小的频率范围内。并且在有限宽度的频率范围内，光强的相对强度也不一样，用线型函数 $f(\nu)$ 表示，即

$$f(\nu)=I(\nu)/I_0 \tag{1-20}$$

式中，I_0 为总光强，$I(\nu)$ 表示在 ν 附近单位频率间隔的光强。$f(\nu)$ 表示单位频率间隔的相对光强分布，称做光谱线的线型函数，如图 1-8 所示。

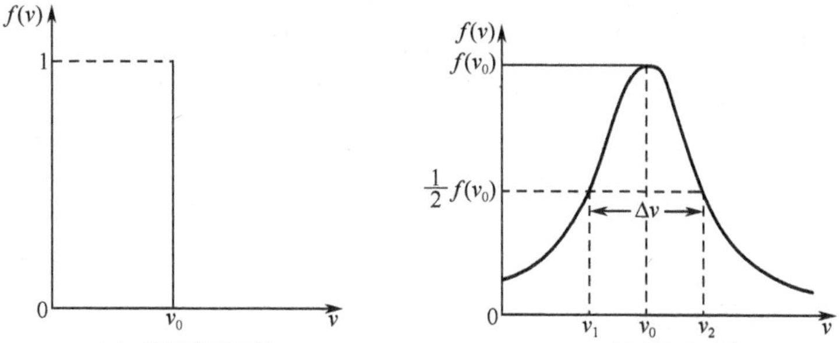

（a）理想线型函数

（b）实际线型函数

图 1-8 光谱的线型函数

图 1-8 给出了理想线型函数和实际线型函数，理想线型函数只有一种频率的光 ν_0，而且光强集中在频率 ν_0 处，相对光强 $f(\nu)$ 为 1。

实际情况中，理想线型是不存在的，光强总是会分布在以 ν_0 为最大频率值的一定频率范围内，如图 1-8（b）所示。

由图 1-8（b）计算曲线下的面积，可知：

$$\int_0^{\infty} f(\nu)\mathrm{d}\nu=1 \tag{1-21}$$

即相对光强总和为 1，式（1-21）叫做线型函数的归一化条件。

线型函数一般关于中心频率 ν_0 对称，且在中心频率 ν_0 处有最大值。一般定义线型函数的半极值点所对应的频率全宽度为光谱线宽度，即图 1-8 中的 $\Delta\nu$。

当 $\nu=\nu_0$ 时，$f(\nu)$ 有最大值 $f(\nu_0)$；若 $\nu=\nu_1$ 和 $\nu=\nu_2$ 时，$f(\nu)$ 的值均为 $\frac{1}{2}f(\nu_0)$，则频率间隔 $\Delta\nu=\nu_2-\nu_1$ 称为光谱线半值宽度（谱线宽度）。它是衡量单色性的一个参数，$\Delta\nu$ 越小，单色性越强。

1.3.2 均匀增宽

光谱线之所以具有一定的宽度，是因为原子的能级具有一定的宽度。考虑到这一点，当原子在不同能级间跃迁时所发射出来的光谱线就具有一定的宽度，这就是所谓的光谱线增宽。

如果引起增宽的物理因素对每个原子都是等同的，则这种增宽称为均匀增宽。均匀增宽的特点为每个原子都以整个线型发射，每个粒子对谱线不同频率部分的贡献都相同，因此无法把线型函数上某一特定频率部分与某些特定粒子相联系。均匀增宽主要有自然增宽和碰撞增宽。

（1）自然增宽

处于激态的发光粒子，在自发辐射的发光过程中，辐射功率不断衰减，导致光谱线有一定的宽度，发光粒子的这种谱线增宽是不可避免的，称做自然增宽。

下面从经典电子理论的观点来讨论自然增宽的线型函数和线宽。

经典电磁理论认为所有电磁波的辐射都是由原子的电荷振动而产生的。原子发光形成的电磁波是有一定长度的振幅按照指数规律衰减的波列，按照阻尼形式进行振动，如式（1-22）

所示，场矢量U随时间的振动规律如图 1-9 所示。

$$U = U_0 e^{-\frac{t}{2\tau}} \cos 2\pi \nu_0 t \tag{1-22}$$

原子的能量在发射电磁波的过程中不断衰减，严格来讲已非单一频率的谐振过程。其中包含许多不同频率的谐振波，所以原子所辐射的电磁波不是单色的，辐射的光谱线具有有限宽度。

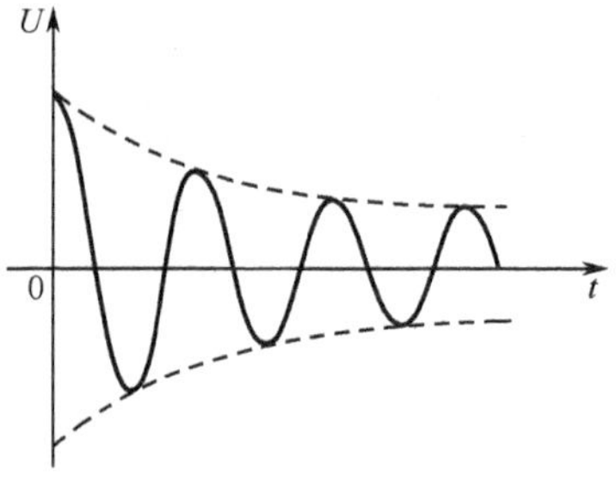

图 1-9　阻尼振动

如用$f_N(\nu)$表示在频率ν附近单位频率间隔的相对光强随频率的分布，则有

$$f_N(\nu) = \frac{A}{4\pi^2(\nu_0-\nu)^2 + \left(\frac{1}{2\tau}\right)^2} \tag{1-23}$$

式中，A为比例常数；$f_N(\nu)$为自然增宽的线型函数。

由线型函数的归一化条件可得$A = \frac{1}{\tau}$，τ为光子的寿命。

当$\nu_2 = \nu_0 + \frac{1}{4\pi\tau}$和$\nu_1 = \nu_0 - \frac{1}{4\pi\tau}$时，则

$$f_N(\nu) = f_N(\nu_1) = f_N(\nu_2) = \frac{1}{2} f_N(\nu_0) = 2\tau \tag{1-24}$$

$$\Delta\nu_N = \nu_2 - \nu_1 = \frac{1}{2\pi\tau} \tag{1-25}$$

$\Delta\nu_N$称做原子谱线的半值宽度，也叫自然增宽。将$\Delta\nu_N$代入式（1-23），得

$$f_N(\nu) = \frac{\Delta\nu_N / 2\pi}{4\pi^2(\nu_0-\nu)^2 + \left(\Delta\nu_N / 2\right)^2} \tag{1-26}$$

这个自然增宽的线型分布函数称做洛沦兹线型函数，如图 1-10 所示。

在不受外界影响时，受激原子并非永远处于激发态，它们会自然地向低能态跃迁，因而受激原子在激发态上具有有限的寿命，这一因素造成了原子跃迁谱线的自然增宽。

（2）碰撞增宽

碰撞增宽也称压力增宽，是考虑发光原子间的相互作用造成的，这种碰撞会使原子发光中断或者光波相位发生突变，使发光波列缩短，这样引起谱线的增宽叫做碰撞增宽，如图 1-11 所示。

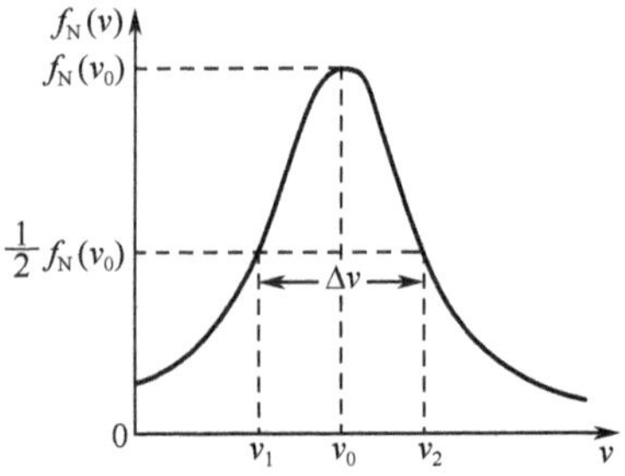

图 1-10　洛仑兹线型函数

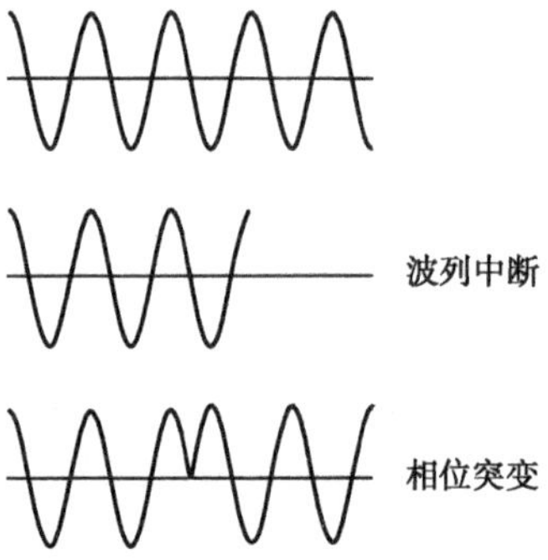

图 1-11　碰撞增宽

由于碰撞的发生完全是随机的，只能了解它们的统计平均性质。设任一原子与其他原子发生碰撞的平均时间间隔为τ_c，它描述碰撞的频繁程度，称为平均碰撞时间。可以证明，这种平均长度为τ_c的波列可以等效为振幅呈指数变化的波列，其衰减常数为τ_c。由此可见，碰撞过程和自发辐射过程同样引起谱线加宽，而且它的线型函数和自然增宽一样为洛沦兹函数，即

$$f_c(\nu)=\frac{\dfrac{\Delta\nu_c}{2\pi}}{(\nu-\nu_0)^2+(\Delta\nu_c/2)^2}=\frac{\dfrac{2}{\tau_c}}{4\pi^2(\nu-\nu_0)^2+(1/\tau_c)^2} \tag{1-27}$$

式中，$\Delta\nu_c$表示碰撞增宽的谱线宽度，其与原子间的碰撞频率，即一个原子每秒和其他原子碰撞的次数成正比，那么气体的压强越大，碰撞次数就越大，故碰撞引起的谱线宽度与压强P成正，即

$$\Delta\nu_c=aP \tag{1-28}$$

式中，a为与P无关的参数。不同原子的不同谱线，a的值不同，具体数值由实验测出。

若同时考虑自然增宽和碰撞增宽，均匀增宽线宽为二者之和，即

$$\Delta\nu_H=\Delta\nu_N+\Delta\nu_c \tag{1-29}$$

对一般气体工作物质$\Delta\nu_c>>\Delta\nu_N$，故均匀增宽主要取决于碰撞增宽；只在气压极低时才显示出自然增宽（此时碰撞极为微弱）。

固体工作物质产生均匀增宽的因素比气体工作物质要复杂得多，主要有以下三个因素：

（1）原子与原子间的相互作用。虽然在晶体中原子基本上是不动的，但每个原子也受到相邻原子的耦合作用而在某一时刻改变自己的运动状态，称为碰撞，由此造成的谱线增宽与气体的碰撞增宽相同，属于均匀增宽。

（2）原子晶格热弛豫过程产生的无辐射跃迁。它导致发光原子在激光态能级的寿命缩短，故也属于均匀增宽。

（3）晶格热振动。由于晶格原子的热振动，发光粒子处在随时间周期性变化的晶格场中，导致它的能级位置在某个范围内变化，而引起谱线加宽。由于晶格热振动对所有发光粒子的影响基本上相同，所以它也属于均匀增宽。

与晶格热振动比较，原子间的耦合作用与原子晶格热弛豫过程都较弱，故固体工作物质中的均匀增宽主要是由晶格热振动引起的。

1.3.3 非均匀增宽

在某些情况下，虽然每一静止原子所发光的中心频率均为ν_0，但相对接收器具有某一特定速度的发光原子，所发的光只对谱线内该速度所对应的表观频率有贡献。即不同速度的原子的作用是不同的，这种增宽称做非均匀增宽。多普勒增宽属于非均匀增宽，它的特点是不同发光粒子只对光源光谱线的相应部分有贡献。

（1）多普勒效应

生活中有这样一个有趣的现象：当一辆救护车迎面驶来的时候，你听到的声音越来越高；而车离去的时候声音越来越低。你可能没有意识到，这说明当声源与接收器相对运动时，接收器所接收到的声波频率将随两者的相对速度的不同而改变。相类似情况，当光源与光接收器之间有相对运动时，光接收器接收到的光波频率也会随两者间的相对运动速度的不同而改变，这个现象就是“多普勒频移效应”。

多普勒频移效应是为纪念奥地利物理学家及数学家克里斯琴・约翰・多普勒而命名的，他于 1842 年首先提出了这一理论，主要内容为物体辐射的波长因为波源和观测者的相对运动而产生变化。在运动的波源前面，波被压缩，波长变得较短，频率变得较高；在运动的波源后面时，会产生相反的效应，波长变得较长，频率变得较低。波源的速度越高，所产生的效应越大。根据波红（蓝）移的程度，可以计算出波源循着观测方向运动的速度，如图 1-12 所示。

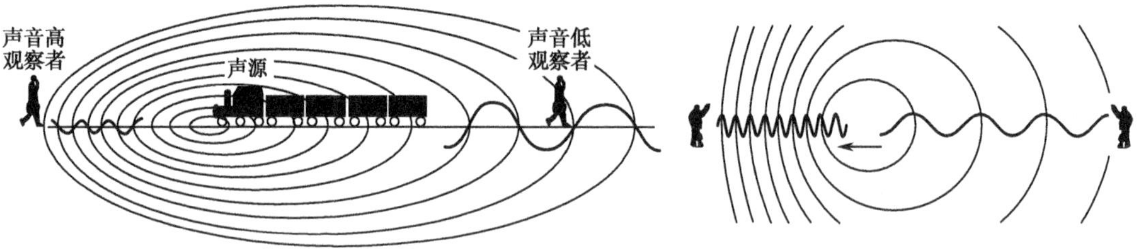

图 1-12　多普勒频移效应

设在光源与接收器连线方向上，光源与接收器相对静止时光源发出的光的频率为ν_0，光源和接收器相对运动的速度为υ，光在某种介质中的速度为u。则

$$\nu \approx \nu_0\left(1+\frac{\upsilon}{u}\right) \tag{1-30}$$

当光源与接收器相互接近时，υ 取正值，$\nu>\nu_0$；当相互背离时，υ 取负值，$\nu<\nu_0$。这种现象称为纵向多普勒效应。

当光源和接收器之间的相对速度垂直于二者连线方向，相对于光源与接收器连线方向的相对速度为$\upsilon_\perp$，则

$$\nu=\sqrt{1-\left(\frac{\upsilon_\perp}{u}\right)^2}\,\nu_0 \tag{1-31}$$

这种现象称做横向多普勒效应，一般横向多普勒效应比纵向多普勒效应弱得多，可以忽略不计。

（2）多普勒增宽

由多普勒频移效应引起的谱线增宽只存在于气体中。尽管发光粒子体系中各粒子的固有中心频率是一样的，但由于原子运动速度各不相同，不同速度的原子所发出的光被接收时的频率也各不相同，所以，各粒子光谱线叠加而成的整个光源光谱线便增宽了。

多普勒增宽的线型函数是一个很复杂的函数，如式（1-32）所示。

$$f_{\mathrm{D}}(\nu)=\left(\frac{m}{2\pi kT}\right)^{1/2}\mathrm{e}^{-\frac{mc^2}{2kT}\left(\frac{\nu-\nu_0}{\nu_0}\right)^2}\frac{c}{\nu_0} \tag{1-32}$$

式中，m 为一个原子的质量，T 为热力学温度，k 为玻尔兹曼常数。

此线型函数称为多普勒增宽的线型函数，下标 D 指“多普勒”，或称为高斯线型函数，如图 1-13 所示。

根据光谱线增宽定义，设多普勒增宽为$\Delta\nu_{\mathrm{D}}$，则有

$$\Delta\nu_{\mathrm{D}}=\nu_2-\nu_1=2\nu_0\left(\frac{2kT}{mc^2}\ln 2\right)^{1/2} \tag{1-33}$$

对于固体物质而言，原子不能自由运动，不存在多普勒增宽。但除了自然增宽和碰撞增

宽外，又有其他引起谱线增宽的物理因素，如晶体中晶格的缺陷。

将均匀增宽的洛沦兹线型函数和非均匀增宽的高斯线型函数进行比较，如图 1-14 所示，虽然它们的图形很相似，但是它们大不相同。在中心频率处，高斯曲线的最大值是洛沦兹线型最大值的 1.47 倍。在中心频率两侧，高斯函数下降比较陡峭，洛沦兹曲线比较缓慢。

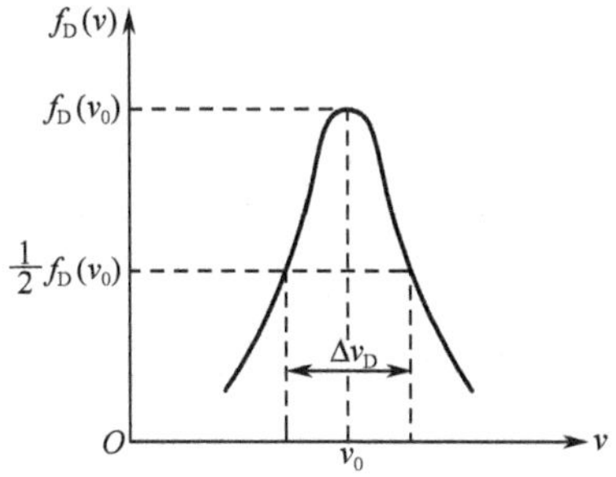

图 1-13　高斯线型函数

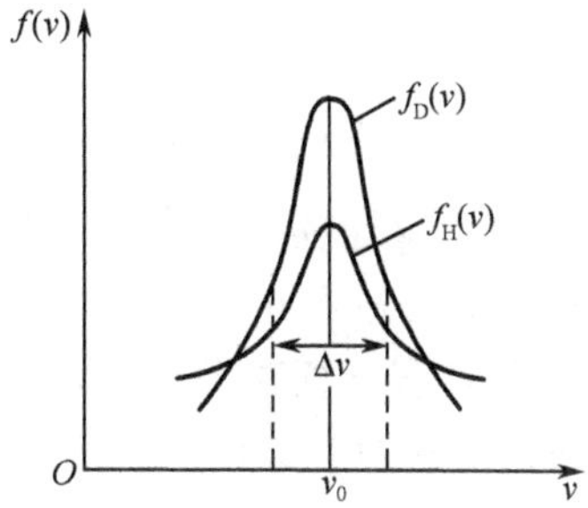

图 1-14　两种线型函数的比较

三种增宽比较如表 1-2 所示。

表 1-2　三种增宽的比较

	线型分布函数	线 型 增 宽
自然增宽	$f_N(\nu)=\dfrac{\Delta\nu_N/2\pi}{4\pi^2(\nu_0-\nu)^2+(\Delta\nu_N/2)^2}$	$\Delta\nu_N=\nu_2-\nu_1=\dfrac{1}{2\pi\tau}$
碰撞增宽	$f_c(\nu)=\dfrac{\frac{\Delta\nu_c}{2\pi}}{(\nu-\nu_0)^2+(\Delta\nu_c/2)^2}=\dfrac{\frac{2}{\tau_c}}{4\pi^2(\nu-\nu_0)^2+(1/\tau_c)^2}$	$\Delta\nu_c=aP$
多普勒增宽	$f_D(\nu)=\left(\dfrac{m}{2\pi kT}\right)^{1/2}\mathrm{e}^{-\frac{mc^2}{2kT}\left(\frac{\nu-\nu_0}{\nu_0}\right)^2}\dfrac{c}{\nu_0}$	$\Delta\nu_D=\nu_2-\nu_1=2\nu_0\left(\dfrac{2kT}{mc^2}\ln 2\right)^{1/2}$

1.3.4　综合增宽

在实际光谱线中，均匀增宽和非均匀增宽同时存在。实际的光谱线型也是两者的叠加，得到的是一个综合增宽的线型。

激光器中引起均匀增宽和非均匀增宽的物理因素往往是同时存在的。如气体激光器中的碰撞增宽和多普勒增宽同时存在；固体激光器中，由于晶格热振动和晶格缺陷所引起的增宽也是同时存在的。

当均匀增宽的线宽比非均匀增宽的线宽大得多时，可近似认为是均匀增宽，反之认为是非均匀增宽。现将两种常用气体激光器的线宽数据进行比较，如表 1-3 所示。

表 1-3　两种气体激光器线宽的比较

激光器种类	自 然 线 宽	多普勒线宽	碰 撞 线 宽
氦氖激光器	$\Delta\nu_N$ =10MHz	$\Delta\nu_D$ =1500MHz	$\Delta\nu_C$ =0.75pMHz
二氧化碳激光器	$\Delta\nu_N$ =10^3～10^4Hz	$\Delta\nu_D$ =60MHz	$\Delta\nu_C$ =0.049pMHz

p 为放电管气压，单位为 Pa。一般情况下，氦氖激光器常视做非均匀增宽；而二氧化碳激光器要看 p 的取值，p 的取值不同，增宽类型也不同，可以是综合增宽，可以是均匀增宽，也可以是非均匀增宽。

思考与练习

1-1　光子的特性是什么，相互之间的关系是什么？

1-2　试计算连续功率为 2W 的光源，发射频率 ν=3000MHz 的光，每秒从上能级跃迁到下能级的粒子数为多少？

1-3　试计算连续功率为 1W 的光源，发射波长 λ=0.5000μm 的光，每秒从上能级跃迁到下能级的粒子数为多少？

1-4　热平衡条件下，原子上能级 E_2 的粒子数密度为 n_2，下能级 E_1 的粒子数密度为 n_1，设 $g_1 = g_2$。求：

（1）当原子跃迁的相应频率 ν=3000MHz，T=300 K 时，n_2/n_1 为多少？

（2）若原子跃迁时所发光的波长 λ=1μm，n_2/n_1=0.1，则温度 T 为多少？

1-5　什么是多普勒效应？

1-6　高斯线型函数和洛仑兹线型函数的区别有哪些？

1-7　均匀增宽有哪些，非均匀增宽有哪些，产生的原因各是什么？

1-8　简述自发辐射、受激辐射和受激吸收的定义，并画出过程图。

项目 2　激光器工作原理

知识目标

- 掌握激光形成的条件，光学谐振腔的稳定特性
- 掌握激光稳定出光的过程和阈值条件
- 了解激光的特点

能力目标

- 能够结合稳定图分析谐振腔的稳定特性
- 掌握激光稳定出光的过程和激光形成的阈值条件

任务 2.1　激光的产生

激光是 21 世纪 60 年代初期出现的一种新型光源，目前激光器的应用已经特别广泛。本项目将对激光器的工作原理进行介绍。

2.1.1　激光的特点

激光的发射原理及产生过程的特殊性决定了激光具有普通光所不具有的特点，即单色性好、相干性好、方向性好和亮度高。

（1）单色性好

只有一个确定波长的光称为单色光。自然界中绝对的单色光是不存在的，实际的单色光都有一定的波长范围。普通光源发射的光子是由自发辐射产生的，在频率上是各不相同的，所以包含各种颜色。而激光发射的光子是由受激辐射产生的，各个光子频率相同，因此激光是最好的单色光源。

由于光的生物效应强烈地依赖于光的波长，使激光的单色性在临床选择性治疗上获得重要应用。此外，激光的单色特性在光谱技术及光学测量中也得到广泛应用，已成为基础医学研究与临床诊断的重要手段。

（2）相干性好

由于受激辐射的光子在相位上是一致的，再加之谐振腔的选模作用，使激光束横截面上各点间有固定的相位关系，所以激光的空间相干性很好，激光提供了最好的相干光源。正是由于激光器的问世，才促使相干技术获得飞跃发展，全息技术才得以实现。

光的时间相干性与单色性是密切联系的，单色性好，时间相干性好。在普通光源中最好的单色光源是氪灯，相干长度仅为几百毫米，二氦氖激光器发射的激光的相干长度可达 100km。

（3）方向性好

激光束的发散角很小，几乎是平行的光线，发散角都在毫弧度的数量级。激光照射到月球上形成的光斑直径仅有 1km 左右，而普通光源发出的光射向四面八方。为了将普通光沿某个方向集中起来常使用聚光装置，但即便是最好的探照灯，如将光投射到月球上，光斑直径也将扩大到 1000km 以上。

激光束的方向性好这一特性在医学上的应用主要是激光能量能在空间高度集中，从而可将激光束制成激光手术刀。另外，由几何光学可知，平行性越好的光束经聚焦得到的焦斑尺寸越小，再加之激光单色性好，经聚焦后无色散像差，使光斑尺寸进一步缩小，可达微米级以下，甚至可用做切割细胞或分子的精细的“手术刀”。

（4）亮度高

激光的亮度比普通光源高出 1012～1019 倍，是目前最亮的光源，强激光甚至可产生上亿度的高温。激光的高能量是保证激光临床治疗有效的最可贵的基本特性之一。利用激光的高能量还可使激光应用于激光加工工业及国防事业等。

2.1.2 激光形成的条件

激光与普通光源不同，普通光源是由发光介质通过自发辐射向外发射大量的光子而形成的，这种辐射是各自独立的、随机的，发出的光子总是沿四面八方传播，能量分散，光强也不强，相干性也很差。而激光是靠介质的受激辐射向外发射出大量的光子而形成的。外来光子和产生的光子具有相同的传播方向、相同的位相、相同的频率和偏振方向。因此对受激辐射光源采取适当的措施后，就有可能获得光能量集中在某一方向上传播、光强度极高，而且相干性很好的光源，这就是激光。

（1）光的受激辐射放大

根据前面光和物质的作用，在入射光进入介质后，介质中会发生受激吸收和受激辐射两个过程，而自发辐射的光很少。如果吸收的光子数多于受激辐射光子数，则沿 z 轴方向进入的入射光穿过介质时，因介质吸收而失去的光子数将多于因受激辐射而发射的光子数，光强逐渐变弱，如图 2-1 所示。这种情况下，发射的光子被介质吸收了，不能形成激光。反之，如果受激辐射光子数大于吸收光子数，则沿 z 轴进入介质的光就会越传越强，如图 2-2 所示。这样光子在介质中不断增加，不断被放大，就有可能形成激光。因此，要想形成激光，必须使介质中的受激辐射大于受激吸收。

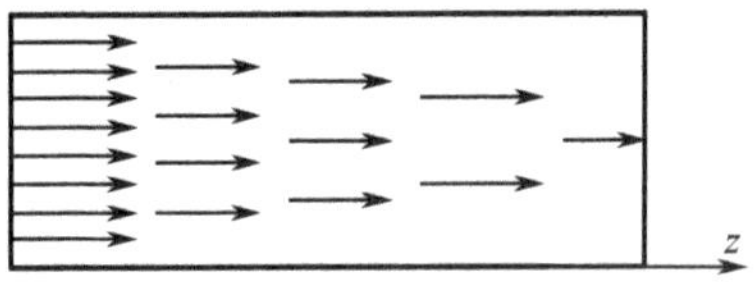

图 2-1　吸收大于受激辐射

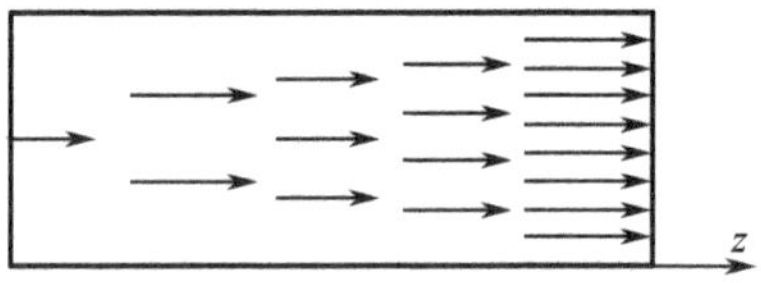

图 2-2　受激辐射大于吸收

在一般情况下，光束进入介质后将按照什么规律变化呢？

设频率为 ν 的准单色光沿 z 轴穿过介质，其示意图如图 2-3 所示。

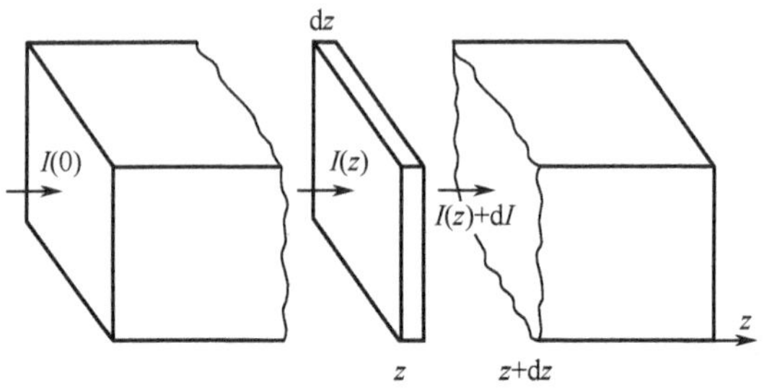

图 2-3　光穿过厚度为 z 的介质情况

光在介质中传播时，介质中低能级上的粒子会吸收光子而跃迁到高能级，使低能级光子数密度减少。低能级上的粒子数减少多少，介质中传播着的光子数就减少多少。

同理，介质的受激辐射使光子数密度增加，高能级上因受激辐射而减少的粒子数密度是多少，光子数密度就增加多少。

这样光波穿过介质时，光强随穿过的路程 z 变化的规律为

$$I(z)=I(0)\exp\left[\left(n_2-\frac{g_2}{g_1}n_1\right)B_{21}f(v)hv\frac{\mu}{c}z\right] \tag{2-1}$$

式中，n_1 为低能级 E_1 上的粒子数密度，n_2 为高能级 E_2 上的粒子数密度；g_1、g_2 分别为低能级 E_1 和高能级 E_2 上粒子的简并度；$I(0)$ 为 $z=0$ 处的光强。

由前面讲的玻尔兹曼定律可知，热平衡条件下，大多数粒子都处于能量较低的能级，上下能级粒子数的分布关系满足 $\frac{n_2}{g_2}<\frac{n_1}{g_1}$。则式（2-1）可变换为

$$I(z)=I(0)\mathrm{e}^{-Az} \tag{2-2}$$

由式（2-2）可知，在一般情况下，介质中吸收过程占主导地位，穿过介质的光波依指数规律衰减。

式中，A 代表光波在介质中经过单位长度路程光强的相对衰减率的大小，即代表介质对光波吸收能力的大小，称为吸收系数，即

$$A=-(n_2-\frac{g_2}{g_1}n_1)B_{21}f(v)hv\frac{\mu}{c} \tag{2-3}$$

要想使介质中受激辐射过程大于吸收过程，必须满足 $\frac{n_2}{g_2}>\frac{n_1}{g_1}$，也就是前面所说的粒子数反转。方法是用一个外接的能源对介质进行光照、放电或化学反应等作用来激励介质，把处于低能级上的粒子大量抽运到高能级上去，造成粒子数反转状态，处在这种状态的介质叫做增益介质或激活介质或工作物质。当光波经过增益介质时，引起的受激辐射就会大于吸收。而且粒子数密度的差值 $\frac{n_2}{g_2}-\frac{n_1}{g_1}$ 越大，受激辐射就越强，光经过增益介质时增长得也越快。

因此，式（2-1）可变换为

$$I(z)=I(0)\mathrm{e}^{Gz} \tag{2-4}$$

由式（2-4）可知，介质中受激辐射吸收过程占主导地位，穿过介质的光波依指数规律增加。

式中，G 代表光波通过单位长度路程光强的相对增长率，即介质对光放大能力的大小，称为增益系数，即

$$G=\left(n_2-\frac{g_2}{g_1}n_1\right)B_{21}f(v)hv\frac{\mu}{c} \tag{2-5}$$

由以上分析可知，光放大的条件是需要一个激励能源把低能级的介质粒子由低能级抽运到高能级上去；需要合适增益系数的发光介质（或称激光工作物质），能在外界激励源的作用下形成粒子数反转分布状态。

（2）光学谐振腔

有了激励能源和发光介质后，还不一定能形成激光。因为处在高能级上的粒子除了通过受激辐射而发射出光子，还可以通过自发辐射而放出光子。如果自发辐射占主导地位，就行

成普通光源。要形成激光，必须使受激辐射为主要发光过程。这就需要另一个条件——光学谐振腔。

如果受激辐射的概率 $B_{21}\rho f(\nu)$ 远大于自发辐射的概率 A_{21}，就能使增益介质中受激辐射占主导地位，即

$$B_{21}\rho f(\nu) > A_{21} \tag{2-6}$$

因此只有靠加大增益介质中的光能密度 ρ 来实现，而光能密度 ρ 随着穿过的增益介质的路程 z 按指数规律增长，增益介质越长，ρ 越大，因此需要加大增益介质的长度。但实际应用中，增益介质的长度受到一定的限制，不能无限增长，因此采用了让光多次经过增益介质的方法，来增加增益介质的长度，即采用了光学谐振腔。

在激活物质的两端恰当地放置两个反射镜片，就构成一个最简单的光学谐振腔，如图 2-4 所示平行平面腔的放大作用，M_1 和 M_2 分别代表两个反射镜面。其中一块为全反射镜，光射到全反射镜上被反射回介质继续放大。另一块为部分反射镜，光射到部分反射镜，一部分光反射回增益介质继续放大，一部分光透射出去，形成激光。

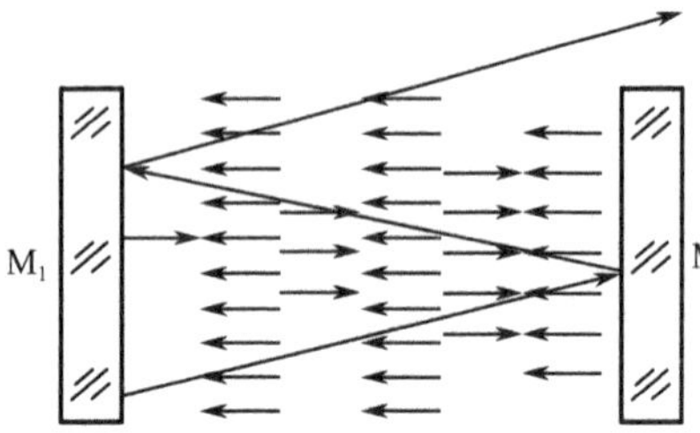

图 2-4　平行平面腔的放大作用

要注意，两块反射镜要调整到严格平行，并且垂直于增益介质的轴线，而且只有那些沿腔轴方向往返传播的光才能获得多次放大，对于偏离传播方向的光，经过反射镜的多次反射就会逸出增益介质。

由光学谐振腔的工作原理可知，光学谐振腔的作用如下：

（1）增加增益介质的长度；

（2）控制光束的传播方向；

（3）保证输出激光具有很好的方向性。

由以上对光放大和光学谐振腔的讨论可知，要想激光器产生激光，必须具备三个条件：

（1）工作物质：具有放大作用的增益介质。

（2）激励源：将下能级的粒子抽运到上能级，产生粒子数反转。

（3）光学谐振腔：增大增益介质的工作长度，控制光束传播方向，提高输出激光的单色性。

任务 2.2　光学谐振腔

光学谐振腔在激光的形成过程中起着极为重要的作用，激光器采用不同结构的谐振腔，其输出激光的特点也会不同。

2.2.1　光学谐振腔的分类

（1）光学谐振腔的结构

简单的光学谐振腔由两个反射镜组成，一个是全反镜，一个是部分反镜，分别放置在工作物质的两端，并与光的行进方向严格垂直，如图 2-5 所示，M_1 和 M_2 分别代表两个镜面。

图 2-5　光学谐振腔结构

组成光学谐振腔的两个反射镜可以是不同类型的反射

镜，图 2-6 给出了几种不同结构的谐振腔。

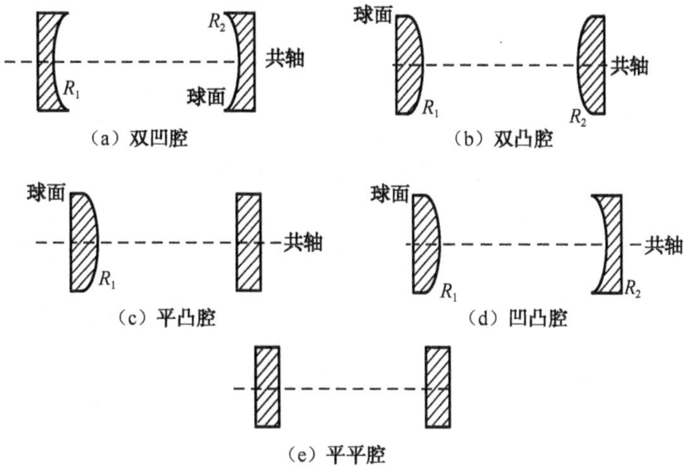

图 2-6　不同结构的光学谐振腔

（2）光学谐振腔的分类

根据谐振腔反射镜形状可分为球面腔和非球面腔、端面反射腔和分布反馈腔。

根据谐振腔的反射镜的多少可以分为两镜腔与多镜腔。

根据是否有反射镜以外的反射面可以分为简单腔与复合腔。

根据谐振腔的开放程度可将光学谐振腔分为闭腔、开腔和气体波导腔；而平行于光场传播方向的四周敞开，仅仅在垂直光场传播方向（即光轴）两头设有反射镜，这种光学谐振腔称为开式谐振腔，简称开腔。

根据几何逸出损耗的高低可以分为稳定腔、临界腔和非稳腔。

在光学谐振腔中，如果光在腔内经过少数几次反射后就偏离腔体，便不能使光得到不断放大，以形成振荡而产生偏光，这种谐振腔叫做非稳定腔。而腔中任一束傍轴光线经过任意多次往返传播而不逸出腔外的谐振腔能够使激光器稳定地发出激光，这种谐振腔叫做稳定腔。

2.2.2　共轴球面谐振腔的稳定性

光学谐振腔都是由相隔一定距离的两块反射镜组成的，无论是平面镜还是球面镜，也不论是凹面镜还是凸面镜，都可以用“共轴球面镜”模型来表示。只要把两个反射镜的球心连线作为光轴，整个系统总是轴对称的。平面镜可以看成半径为无穷大的球面镜。

1）稳定条件

设共轴球面腔两个反射镜之间的距离为L，即腔长为L，曲率半径分别为R_1和R_2。凹面镜的曲率半径为正值，凸面镜的曲率半径为负值。

共轴球面谐振腔为稳定腔的条件是

$$0<\left(1-\frac{L}{R_1}\right)\left(1-\frac{L}{R_2}\right)<1 \tag{2-7}$$

通常用g描述光腔稳定性的参量，且

$$g_1=1-\frac{L}{R_1}\quad,\quad g_2=1-\frac{L}{R_2} \tag{2-8}$$

则共轴球面谐振腔为稳定腔的条件变换为

$$0 < g_1 g_2 < 1 \tag{2-9}$$

非稳定腔的条件是

$$g_1 g_2 < 0 \quad 或 \quad g_1 g_2 > 1 \tag{2-10}$$

临界腔的条件是

$$g_1 g_2 = 0 \quad 或 \quad g_1 g_2 = 1 \tag{2-11}$$

根据式（2-9）、式（2-10）和式（2-11），以 g_1 为横坐标，g_2 为纵坐标建立直角坐标系，画出 $g_1 g_2 = 1$ 两条双曲线，如图 2-7 所示。

图 2-7 中两条双曲线内部的区域①、②、③、④、⑤、⑥为稳定区，坐标轴和双曲线是临界区，其他区域为不稳定区。任意一个具有确定（R_1，R_2，L）值的球面腔唯一地对应于图中一个点，但反过来，图中每个点并不单值地代表某一具体尺寸的球面腔。

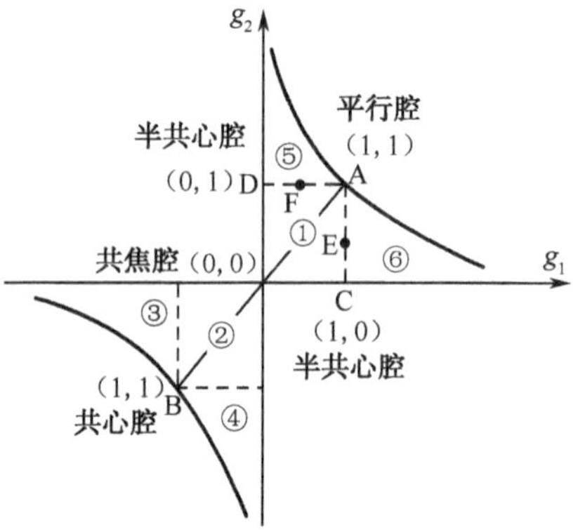

图 2-7　共轴球面腔的稳定图

2）稳定性的讨论

下面讨论一下几个区域。

（1）稳定腔

① 双凹稳定腔。

由两个凹面镜组成的共轴球面腔为双凹腔。这种腔的稳定条件有两种情况，一种为 $R_2 > L$，$R_1 > L$，对应图 2-7 的①区域，其结构如图 2-8（a）所示；一种为 $R_1 < L$，$R_2 < L$，$R_1 + R_2 > L$，对应图 2-7 的②、③、④区域，其结构如图 2-8 （b）所示。

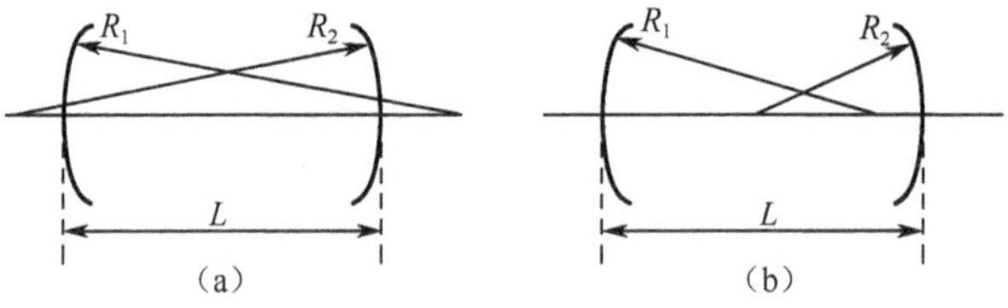

图 2-8　双凹稳定腔

如果 $R_1 = R_2$，则此双凹腔为对称双凹腔，上述的两种稳定条件可以合并成一个，即 $R_1 = R_2 > L/2$。

② 平凹稳定腔。

由一个凹面反射镜和一个平面反射镜组成的谐振腔称为平凹腔。其稳定条件为 $R > L$，对应图 2-7 的 AC 及 AD 段，其结构如图 2-9 所示。

③ 凹凸稳定腔。

由一个凹面反射镜和一个凸面反射镜组成的共轴球面腔为凹凸腔，它的稳定条件是 $R_1 < 0$，$R_2 > L$，且 $R_1 + R_2 < L$ 或者 $R_2 > L$，$|R_1| > R_2 - L$，对应图 2-7 的⑤、⑥段，其结构如图 2-10 所示。

④ 对称共焦腔。

对称共焦腔由两个凹面镜组成，腔中心是两镜公共焦点 $R_1 = R_2 = L$，因为 $g_1 = g_2 = 0$，它对应图 2-7 的原点，其结构如图 2-11 所示。

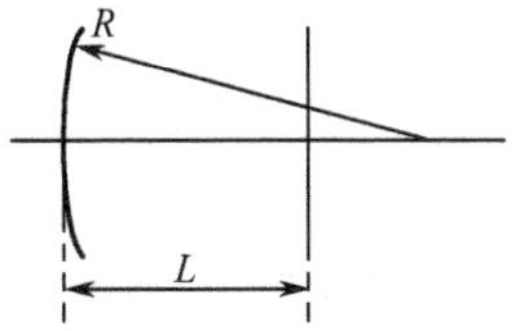

图 2-9　平凹稳定腔

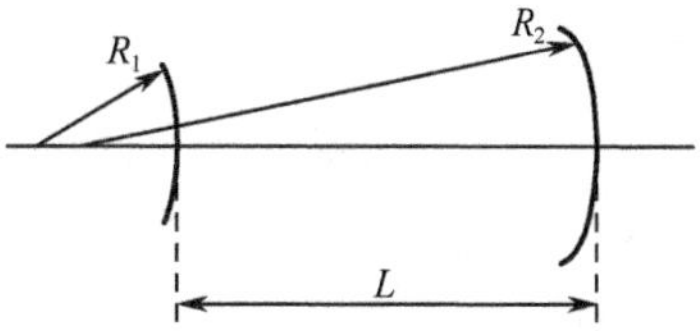

图 2-10　凹凸稳定腔

在对称共焦腔内，任意傍轴光线可往返多次而不横向逸出，而且经两次往返后即可自行闭合。这称为对称共焦腔中的简并光束，如图 2-12 所示。整个稳定球面腔的模式理论都可以建立在共焦腔振荡理论的基础上，因此，对称共焦腔是最重要和最具有代表性的一种稳定腔。

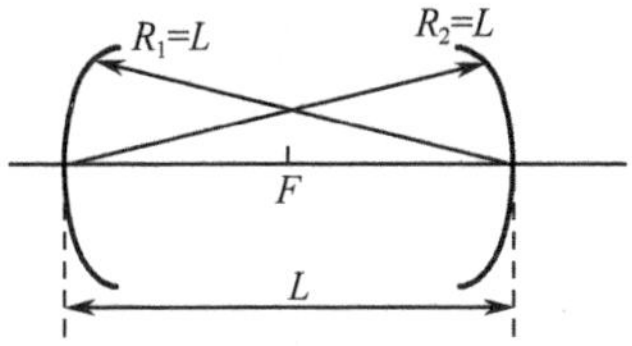

图 2-11　对称共焦腔

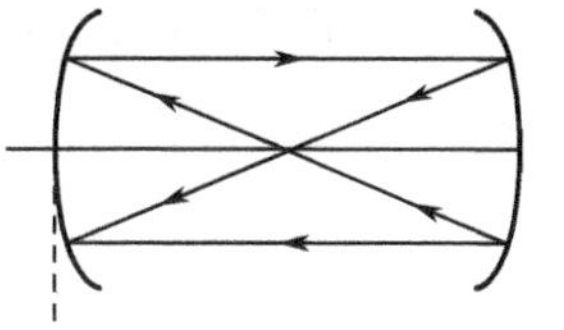

图 2-12　对称共焦腔中光束的传播

⑤ 半共焦腔。

半共焦腔由共焦腔的任一个凹面反射镜与放在公共焦点处的平面镜组成，$R=2L$，对应图 2-7 的 E 点和 F 点，其结构如图 2-13 所示。

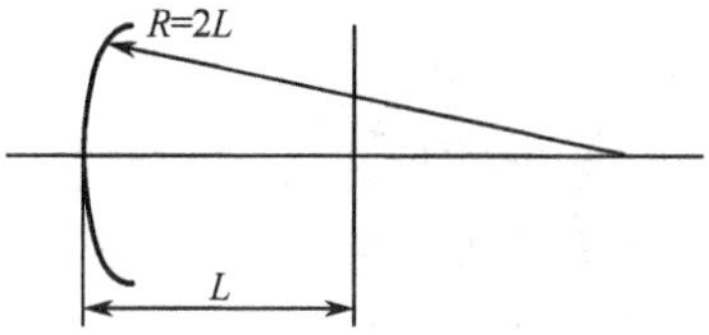

图 2-13　半共焦腔

（2）临界腔

临界腔属于一种极限情况，其稳定性视不同的腔而不同。在谐振理论研究和实际应用中，临界腔具有非常重要的意义。

① 平行平面腔。

平行平面腔是由两个平面反射镜组成的共轴谐振腔，$R_1=R_2=\infty$，$g_1=g_2=1$，对应图 2-7 的 A 点。

② 共心腔。

两个球面反射镜的曲率中心重合的共轴球面腔称为共心腔，即 $R_1+R_2=L$。有两种腔满足共心腔条件，一种为实共心腔，即双凹腔，$R_1>0$，$R_2>0$，$R_1+R_2=L$，则 $g_1<0$，$g_2<0$，$g_1g_2=1$，对应图 2-7 的第三象限的双曲线，其结构如图 2-14（a）所示。一种为虚共心腔，即凹凸腔，$R_1R_2<0$，$R_1+R_2=L$，则 $g_1>0$，$g_2>0$，$g_1g_2=1$，对应图 2-7 的第一象限的双曲线，其结构如图 2-14（b）所示。特别在 $R_1=R_2=L/2$，$g_1=g_2=-1$ 时，称为对称共心腔，它对应图 2-7 中的 B 点。

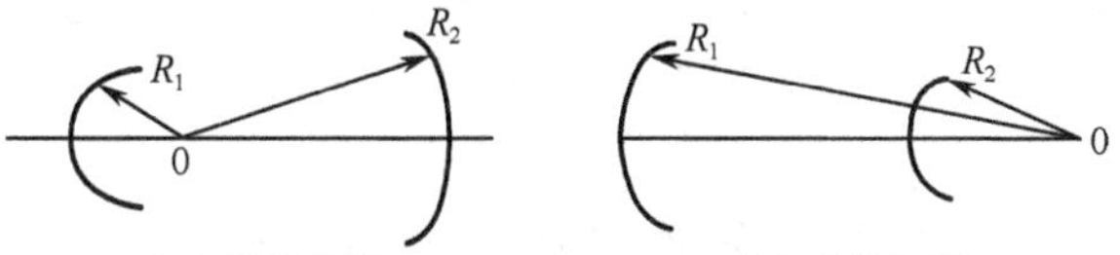

（a）实共心腔　　（b）虚共心腔

图 2-14　共心腔

③ 半共心腔。

半共心腔由一个平面镜和一个凹面镜组成，$R_1=L$，$R_2=\infty$，则$g_1=0$，$g_2=1$，对应图2-7中C点和D点，其结构如图2-15所示。

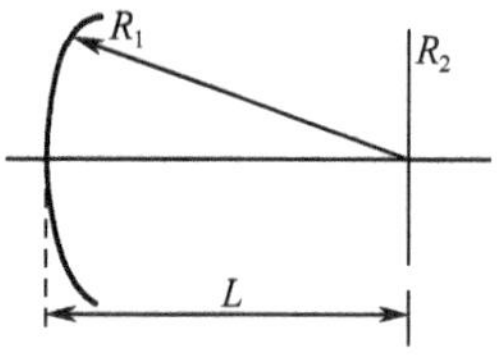

图2-15 半共心腔

实共心腔内有一个光束会聚点，会引起工作物质的破坏；半共心腔的光束会聚点在平面镜上，引起反射镜的破坏。因此，有实际价值的临界腔只有平行平面腔和虚共心腔。

（3）非稳定腔

① 双凹非稳腔。

双凹非稳腔的非稳定条件有两种情况。一种为$R_1<L$，$R_2>L$，即$g_1<0$，$g_2>0$，所以$g_1 g_2<0$，其结构如图2-16（a）所示。一种为$R_1+R_2<L$，则$g_1 g_2>1$，其结构如图2-16（b）所示。

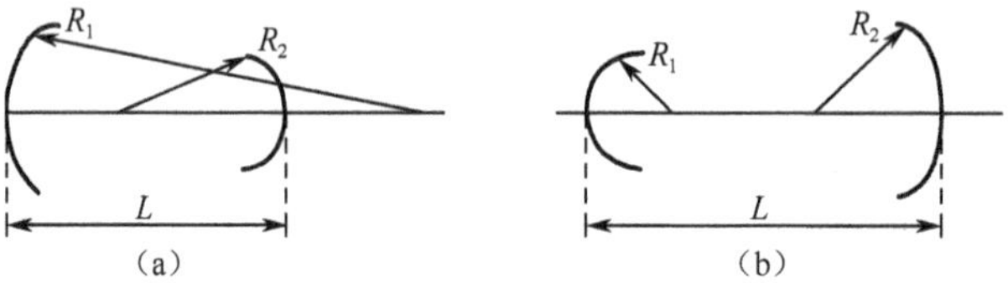

图2-16 双凹非稳腔

② 平凹非稳腔。

平凹非稳腔的非稳定条件为$R_1<L$，$R_2=\infty$，即$g_2=1$，$g_1<0$，所以$g_1 g_2<0$，其结构如图2-17所示。

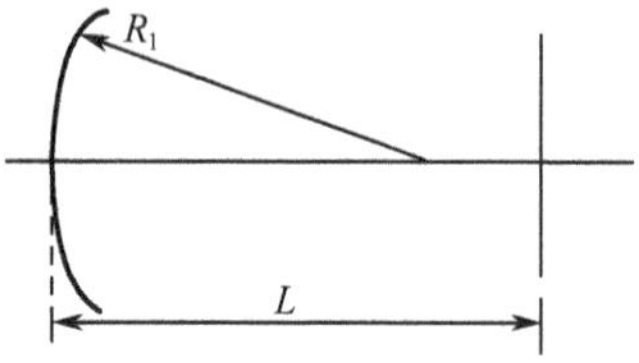

图2-17 平凹非稳腔

③ 凹凸非稳腔。

凹凸非稳腔的非稳定条件有两种，其一为$0<R_1<L$，$R_2<0$，则$g_1 g_2<0$，其结构如图2-18（a）所示。其二为$R_2<0$，$R_1+R_2>L$，则$g_1 g_2>1$，其结构如图2-18（b）所示。

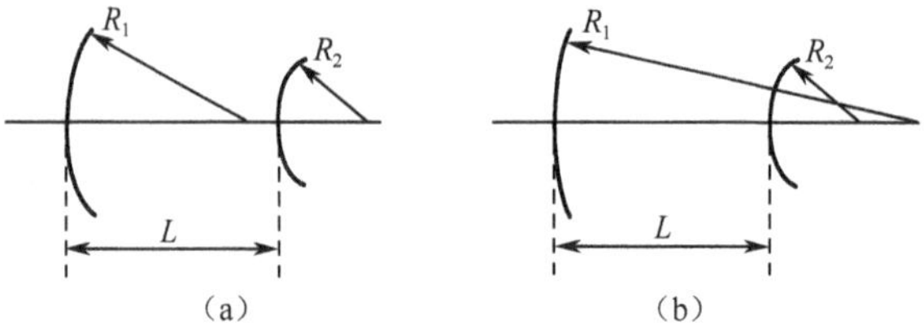

图2-18 凹凸非稳腔

④ 双凸非稳腔。

由两个凸面反射镜组成的共轴球面腔称为双凸非稳腔。双凸非稳腔的非稳定条件为$R_1<0$，$R_2<0$，则$g_1 g_2>1$，其结构如图2-19所示。

⑤ 平凸非稳腔。

一个凸面反射镜与平面反射镜组成的共轴球面腔称为平凸腔。平凸腔满足$g_1 g_2>1$，其结构如图2-20所示。

（4）三种腔的比较

① 稳定腔：几何偏振损耗很低，调整精度要求较低，波形限制能力比较弱，输出光束反射角较大。

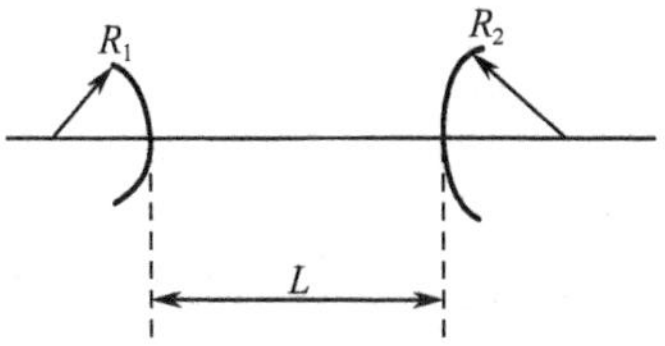

图 2-19 双凸非稳腔

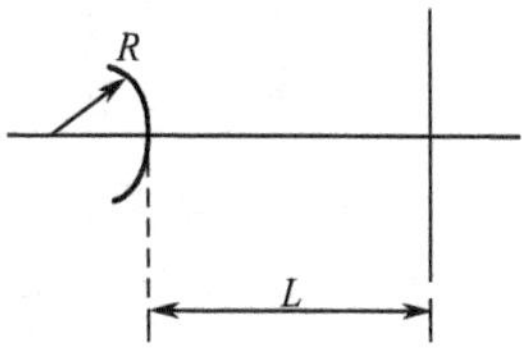

图 2-20 平凸非稳腔

② 临界腔：波形限制能力比较强，光束方向性好，光腔调整精度要求高，几何偏折损耗较大。

③ 非稳腔：波形限制能力比较强，输出光束发散角小，光束质量良好，但单程损耗很高。

一般中小功率的气体激光器常用稳定腔，它的优点是容易产生激光；非稳定腔不宜用于中小功率的激光器，但对于增益系数大的固体激光器常用非稳定腔产生激光，光的准直性均匀性较好，它的优点是可以连续改变输出光的功率。

2.2.3 稳定图的应用

有了稳定图，选取光学谐振腔的腔长或反射镜的曲率半径就很方便，其应用如下：

（1）若设计一个腔长为 L 的平凹腔，试确定凹面镜曲率半径的取值范围。

因为平面镜的曲率半径 $R_1=\infty$，$g_1=1$，它所对应的点在稳定图上的 AC 线段上，而 A 点对应的 $g_2=1$，$R_2=\infty$，C 点对应的 $g_2=0$，$R_2=L$，所以平凹腔稳定条件为

$$L<R_2<\infty$$

（2）给定稳定腔的一块反射镜，要选配另一块反射镜的曲率半径，其取值范围如何确定。

根据已有反射镜的数据，在稳定图上找出相应的点。

例如 $R_1=2L$，求出 $g_1=1-\dfrac{L}{R_1}=0.5$，在稳定图 g_1 轴上找出相应的 C 点，如图 2-21（a）所示，过 C 点作一条直线平行于 g_2 轴，此直线落在稳定区域内的线段 CD，就是所要求的另一块反射镜曲率半径的取值范围。CD 上任一点的 R_2 值都能与已有的反射镜配成稳定腔。

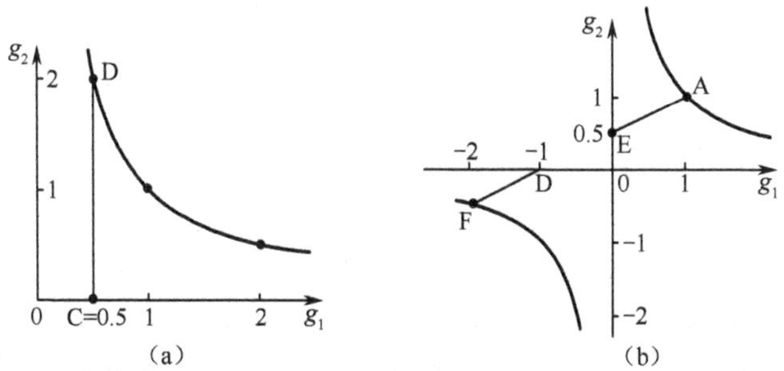

图 2-21 稳定图的应用

（3）如果已有两块反射镜，曲率半径分别为 R_1、R_2，欲用它们组成稳定腔，腔长范围如何确定。

方法为由已知的曲率半径求出 $k=R_2/R_1$，代入 g_1、g_2 的表达式中，由式（2-8）得出方程，从稳定图中找出腔长的取值范围。

例如 $k=2$，则

$$g_2 = 1 - \frac{L}{R_2} = 1 - \frac{L}{kR_1} = \frac{1}{k}g_1 + \frac{k-1}{k} = 0.5g_1 + 0.5$$

在稳定图中，画出该方程的直线方程，此直线落在稳定区中的线段为AE、DF，如图2-21（b）所示，AE所对应的腔长范围为$0 < L < R_1$，DF所对应的腔长范围为$2R_1 < L < 3R_1$。

任务 2.3　能级系统

实现光放大的条件一是激励能源，把低能级的粒子抽运到高能级上去；二是工作物质能够在外界激励源的作用下实现粒子数密度反转分布。能够实现上下能级间粒子数密度反转分布的过程有两种，一是三能级系统，二是四能级系统。

2.3.1　三能级系统

三能级系统指的是参与激光产生的过程有三个能级，即基态能级E_1，高能级E_2，比E_2高的激发态能级E_3，如图2-22所示。三能级系统的工作过程：E_1为基态能级，通常情况下基态充满粒子。在外界激励源的作用下，下能级E_1的粒子被抽运到高能级E_3，E_3能级上的粒子寿命很短，会通过非辐射跃迁到激光的上能级E_2，处于E_2能级上的粒子比较稳定，寿命比较长，称为亚稳态。这样通过不断的抽运和非辐射跃迁过程，使E_2能级上的粒子数多于E_1能级，实现粒子数反转分布。

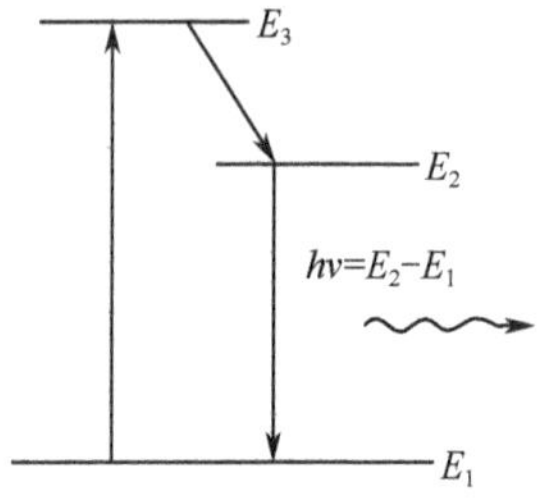

图2-22　三能级系统

1960年发明的第一台红宝石激光器用的是三能级系统，红宝石激光器是以红宝石为工作物质的。它的E_3能级寿命很短，约为5×10^{-8}s；而E_2能级寿命很长，约为3×10^{-3}s，于是在E_2和E_1之间可能形成粒子数反转。

三能级系统的主要特征是激光的下能级为基态，几乎聚集了所有粒子，发光过程中下能级的粒子数一直保存相当的数量，对抽运的要求很高，所以不易实现粒子数反转。

2.3.2　四能级系统

四能级系统指的是参与激光产生的过程有四个能级，即基态能级E_1，激发态能级E_2、E_3和E_4，如图2-23所示。四能级系统的工作过程：在外界激励源的作用下，下能级E_1的粒子被抽运到高能级E_4，E_4能级上的粒子寿命很短，会通过非辐射跃迁到激光的上能级E_3，激光的下能级E_2是个激发态能级，常温下处于该能级上的粒子很少，基本是空的，粒子在能级E_2寿命比较短，这样通过不断的抽运和非辐射跃迁过程，很容易使E_3能级上的粒子数多于E_2能级，实现粒子数反转分布。

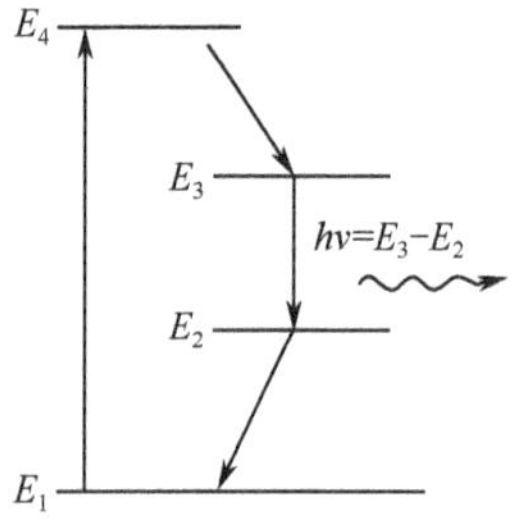

图2-23　四能级系统

四能级系统要实现粒子数反转，只要求E_3能级上的粒子数多于E_2能级，而E_2能级基本上是空的，所以四能级系统比三能级系统极易积累基态粒子数，实现粒子数反转。

任务 2.4 均匀增宽介质的特性

增益系数对激光器的工作特性起着十分重要的作用，实验表明，不同的介质，其增益系数可以有很大的差别，同一种介质的增益系数也随着工作条件的变化而变化。介质的增益系数随频率变化的规律和介质的线型函数随频率变化的规律相似。当测量增益系数所用的入射光强度很小尚未发出激光时，测得增益系数是一个常数，视为小信号增益系数。当测量所有的光强增大到一定程度后，增益系数的值随光强的增大而下降，产生增益饱和现象。

2.4.1 均匀增宽介质的粒子数密度反转分布的饱和效应

（1）稳态工作的粒子数密度反转分布

粒子数密度反转分布的讨论比较复杂，要先讨论速率方程，在此我们不做详细介绍，只给出稳态工作时粒子数密度反转分布公式，激光上下能级间粒子数密度反转分布为

$$\Delta n=\frac{\Delta n^0}{1+\tau_2 B_{21}\rho f(\nu)} \tag{2-12}$$

式中，τ_2 为上能级粒子的寿命，ρ 为总辐射能量密度，$f(\nu)$ 为线型函数，Δn^0 为小信号工作时的粒子数密度反转分布。

参数 Δn^0 对应着谐振腔的单色能量密度为零，或者近似为零时的粒子数密度反转分布值的大小。在激光谐振腔中尚未建立受激辐射光放大的稳定工作状态发出激光之前，谐振腔内单色光能密度相对于稳定工作发出激光时的值要小得多，可以认为是零。因此参数 Δn^0 对应着谐振腔内尚未发出激光时的状态，称为小信号工作状态，Δn^0 称为小信号工作时的粒子数密度反转分布，由能级寿命、抽运速率决定。

（2）均匀增宽型介质的粒子数密度反转分布

均匀增宽介质的线型函数为洛仑兹函数，即

$$f(\nu)=\frac{\dfrac{\Delta\nu}{2\pi}}{(\nu-\nu_0)^2+(\Delta\nu/2)^2} \tag{2-13}$$

其中心频率值为

$$f(\nu_0)=\frac{2}{\pi\Delta\nu} \tag{2-14}$$

均匀增宽介质的粒子数密度反转分布表示为

$$\Delta n=\frac{\Delta n^0}{1+\dfrac{I}{I_s}\dfrac{f(\nu)}{f(\nu_0)}}=\begin{cases}\dfrac{\Delta n_0}{1+\dfrac{I}{I_s}},\ \nu=\nu_0\\[2ex] \dfrac{\left[(\nu-\nu_0)^2+\left(\dfrac{\Delta\nu}{2}\right)^2\right]\Delta n^0}{(\nu-\nu_0)^2+\left(1+\dfrac{I}{I_s}\right)\left(\dfrac{\Delta\nu}{2}\right)^2},\nu\neq\nu_0\end{cases} \tag{2-15}$$

式中，ν_0 为中心频率，I_s 为饱和光强。

（3）均匀增宽介质的粒子数密度反转分布的饱和效应

式（2-15）表明，当腔内光强为小信号时，即 $I=0$ 时，介质中的粒子数密度反转分布值 Δn 最大，为 Δn^0，由能级寿命、抽运速率决定。当腔内光强的影响不能忽略时，粒子数密度反转分布值 Δn 将随光强的增大而减小，此现象称为粒子数密度反转分布值的饱和效应。

当腔内光强一定时，粒子数密度反转分布值 Δn 随腔内光波频率而变化。图 2-24 给出了 I 一定时，Δn 随 ν 变化的曲线，即饱和效应曲线。

为了更具体地说明频率对 Δn 的影响，令腔中光强都等于 I_s，根据式（2-15）算出几个频率下的 Δn 值，如表 2-1 所示。随着频率对中心频率的偏离，光波对粒子数密度反转分布值的影响逐渐减小。

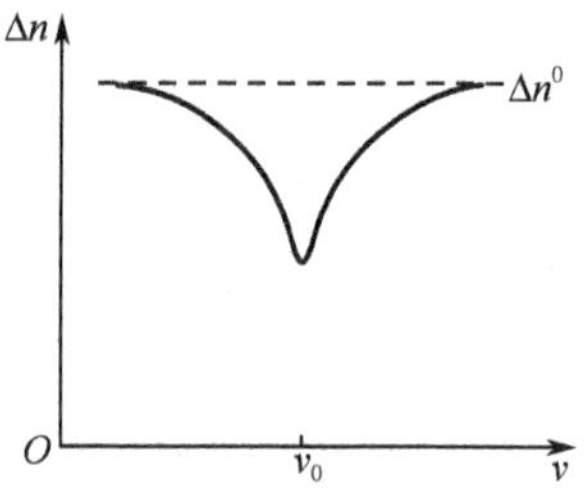

图 2-24　Δn 的饱和效应曲线

表 2-1　几种特殊频率下粒子数反转分布

频率 ν / Δn	ν_0	$\nu_0 \pm \frac{\Delta\nu}{2}$	$\nu_0 \pm \left(1+\frac{I}{I_s}\right)^{1/2}\left(\frac{\Delta\nu}{2}\right)$	$\nu_0 \pm \Delta\nu$
Δn	$\frac{\Delta n^0}{2}$	$\frac{2\Delta n^0}{3}$	$\frac{3\Delta n^0}{4}$	$\frac{5\Delta n^0}{6}$
$\Delta n^0 - \Delta n$	$\frac{\Delta n^0}{2}$	$\frac{\Delta n^0}{3}$	$\frac{\Delta n^0}{4}$	$\frac{\Delta n^0}{6}$

2.4.2　均匀增宽介质的增益系数和增益饱和

（1）均匀增宽介质的增益系数

前面介绍了当增益介质中发生粒子数密度反转分布时，受激辐射将大于受激吸收，在介质中传播的光将得到受激放大。标识介质受激放大能力的物理量为增益系数 G，即式（2-5），该式可写成

$$G(\nu) = \Delta n B_{21} h\nu \frac{\mu}{c} f(\nu) \tag{2-16}$$

式中，Δn 表示介质中的粒子数密度反转分布值。

将式（2-15）代入式（2-16），得

$$G(\nu) = \frac{\Delta n^0}{1+\frac{I}{I_s}\frac{f(\nu)}{f(\nu_0)}} B_{21} h\nu \frac{\mu}{c} f(\nu) \tag{2-17}$$

当介质中尚未发生光放大时，粒子数密度反转分布值 Δn 达到最大值 Δn^0，与之对应的增益系数为小信号增益系数，即

$$G^0(\nu) = \Delta n^0 B_{21} h\nu_0 \frac{\mu}{c} f(\nu) \tag{2-18}$$

$f(\nu)$ 为介质的线型函数，由于光的频率 ν 的值很大，线宽 $\Delta\nu \ll \nu$，所以用 $h\nu_0$ 代替 $h\nu$，则均匀增宽介质增益系数的表达式为

$$G(\nu) = \frac{G^0}{1+\frac{I}{I_s}\frac{f(\nu)}{f(\nu_0)}} \tag{2-19}$$

（2）均匀增宽介质的增益饱和

在测定增益系数的实验中发现，在抽运速率一定的条件下，当入射光的光强很弱时，增益系数是一个常量；当入射光的光强大到一定程度后，增益系数随光强的增大而减小，这种现象称为增益饱和。增益系数随光强的增强而减小是因为光的受激辐射对介质的粒子数密度反转分布有着强烈的影响造成的。当谐振腔中光强很弱时，介质的受激辐射概率很小，粒子数密度反转分布几乎不随光强变化，介质对光波的增益系数也不随光强变化。此时，光波在介质中以最大的相对增长率不断地获得放大。当腔内光强逐渐增强，介质中的粒子数密度反转分布值将因受激辐射的消耗而明显下降，光强越强，受激辐射概率越大，上能级粒子数密度减少得越多，这就使粒子数密度反转分布值也下降得越多，进而使增益系数也同样下降，这就是增益饱和的实质。

增益饱和现象可分为三种情况，在这里就不详细讨论，只做简单介绍。

① 介质对频率为ν_0、光强为I的光波的增益系数。

介质对此光波的增益系数为

$$G(\nu_0)=\frac{G^0(\nu_0)}{1+\dfrac{I}{I_s}\dfrac{f(\nu_0)}{f(\nu_0)}}=\frac{G^0(\nu_0)}{1+\dfrac{I}{I_s}} \tag{2-20}$$

② 介质对频率为ν、强度为I的光波的增益系数。

此时均匀介质对光波的增益系数为

$$G(\nu)=\frac{(\Delta\nu/2)^2}{(\nu-\nu_0)^2+\left(1+\dfrac{I}{I_s}\right)\left(\dfrac{\Delta\nu}{2}\right)^2}G^0(\nu_0) \tag{2-21}$$

根据上式列表 2-2 如下，令表中各种频率光波的光强都等于饱和光强I_s。并作$G(\nu)-\nu$的曲线如图 2-25 所示。

表 2-2 几种特殊频率下的增益系数

频率 ν / $G(\nu)$	ν_0	$\nu_0\pm\dfrac{\Delta\nu}{2}$	$\nu_0\pm\left(1+\dfrac{I}{I_s}\right)^{1/2}\left(\dfrac{\Delta\nu}{2}\right)$	$\nu_0\pm\Delta\nu$
$G(\nu)$	$\dfrac{1}{2}G^0(\nu_0)$	$\dfrac{1}{3}G^0(\nu_0)=\dfrac{2}{3}G^0(\nu)$	$\dfrac{1}{4}G^0(\nu_0)=\dfrac{3}{4}G^0(\nu)$	$\dfrac{1}{6}G^0(\nu_0)=\dfrac{5}{6}G^0(\nu)$
$G^0(\nu)-G(\nu)$	$\dfrac{1}{2}G^0(\nu_0)$	$\dfrac{1}{3}G^0(\nu)=\dfrac{1}{6}G^0(\nu_0)$	$\dfrac{1}{4}G^0(\nu)=\dfrac{1}{12}G^0(\nu_0)$	$\dfrac{1}{6}G^0(\nu)=\dfrac{1}{30}G^0(\nu_0)$

③ 频率为ν、强度为I的强光作用下的增益介质对另一小信号光波的增益系数。

由于光强I仅改变粒子在上下能级间的分布值，并不改变介质的密度、粒子的运动状态以及能级的宽度。因此，在光强I的作用下，介质的光谱线型不会改变，线宽不会改变，增益系数随频率的分布也不会改变，光强仅仅使增益系数在整个线宽范围内下降同样的倍数，如图 2-26 所示。

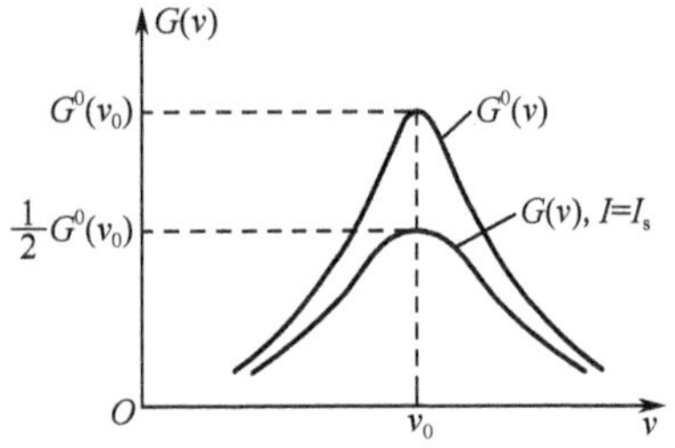

图 2-25　均匀增宽型增益饱和曲线

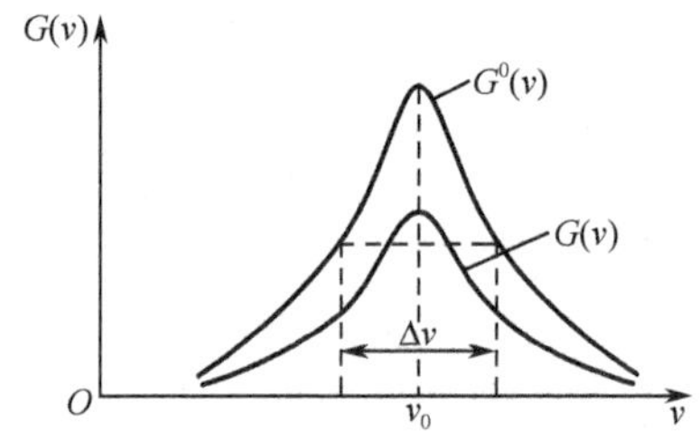

图 2-26　小信号光波的增益饱和曲线

任务 2.5　激光器的损耗与阈值条件

前面我们在光放大的条件中讨论过增益系数G，增益系数是衡量工作物质对光的放大能力的，光通过增益介质不断地在谐振腔内放大，微弱光信号会因增益而不断增强。另一方面，谐振腔中存在的各种损耗，又使光信号不断衰减。能否产生振荡，取决于增益与损耗的大小。对光学谐振腔，要获得光自激振荡，需令光在腔内来回一次所获增益，至少可补偿传播中的损耗。

2.5.1　激光器的损耗

激光损耗指的是激光谐振腔内的损耗，是谐振腔的重要参数之一。激光器的损耗主要有以下几种。

（1）输出损耗：指镜面上透射出去作为激光器的有用输出部分。

（2）衍射损耗：指腔镜具有有限大小的孔径，光波在镜面上发生衍射时形成的损耗。与腔的菲涅尔数N有关，N越大，损耗越小；与腔的几何参数有关；还与横模阶次有关。

（3）几何偏折损耗：指光线在腔内往返传播时，从腔的侧面偏折逸出的损耗。该损耗取决于腔的类型和几何尺寸，几何损耗的高低依模式不同而异，高阶横模损耗大于低阶横模损耗，是非稳腔的主要损耗，几何偏折损耗和衍射损耗称为选择损耗，不同模式的几何偏折损耗和衍射损耗各不相同。

（4）插入损耗：指插入玻片、电光调制器、声光调制器等器件引起的损耗。

（5）吸收、散射损耗：指由于工作物质成分不均匀、粒子数密度不均匀或有缺陷（如固体激光器）而使光产生折射、散射，使部分光波偏离原来的传播方向，以及其他对光能的吸收造成的光能量损耗。

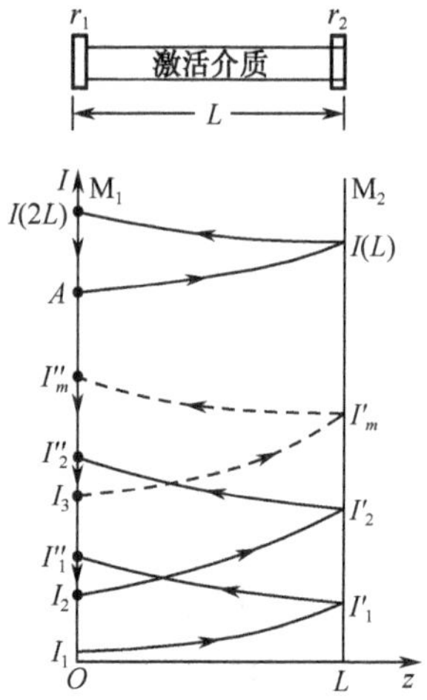

图 2-27　激光稳定出光过程

2.5.2　激光谐振腔稳定出光的过程

激光谐振腔内的光强是由弱到强逐渐形成，最后达到稳定光强输出的过程，该过程可以用如图 2-27 所示进行描述。

图中的横坐标表示增益介质的长度方向坐标z，纵坐标表示腔内光强I。M_2是全反射镜，M_1为部分反射镜。把M_2上的损耗全部折合到M_1上，这样由图可以看出，腔内各点的光强值随时间而增长的情况为$I_1 \to I_1'$，$I_1' \to I_1''$，$I_1'' \to I_2$，$I_2 \to I_2'$，…，$I_m' \to I_m''$，$I_m'' \to I_{m+1}$。这个过程也代表光放大的过程，当光强达到稳定后，稳定光强在腔中传播的过程为$A \to I(L)$，$I(L) \to I(2L)$，$I(2L) \to A$。

激光器开始工作时，由于自发辐射，腔内沿z轴方向有很微弱的光强I_1传播，I_1在腔内由于增益介质的放大作用，传到全反射镜M_2时，光强放大到I_1'，即$I_1 \to I_1'$过程。在全放射镜M_2上，I_1'光强被反射，反射光波继续沿$-z$方向传播，光波继续增大，到达M_1时，光强放大到I_1''，即$I_1' \to I_1''$过程。I_1''光强在部分反射镜M_1上一部分反射回腔内继续放大，一部分损耗掉，即$I_1'' \to I_2$过程。损耗的光包含两个部分：一部分作为激光器的输出由M_1透射出去，还有一部分镜面损耗。I_2在增益介质中重复I_1的过程，如此往返，光来回放大。随着光强增强，光的放大倍数由于增益饱和也逐渐减小。

随着光强的增大，增益系数进一步减小，光放大速率也进一步减慢。这个逐渐减慢的过程一直持续到由增益而增加的光能量仅能补偿损耗而无剩余，输出光强也不再改变，形成稳定出光的，即$A \to I(L) \to I(2L)$循环过程。

2.5.3 激光器的阈值条件

谐振腔内的激光工作物质如果处在粒子数反转状态，频率处在它的谱线线宽范围内的微弱光信号就会因增益作用而放大。另一方面，腔内又存在各种不同的损耗，使光不断衰减。因此激光器中能否产生激光，取决于增益与损耗的大小。

如果光在腔内往返一周所获得的增益大于各种损耗总和，光波才能不断放大，激光便可产生，否则激光不能产生。所以要求增益系数要大于一个下限值，这个下限值称为激光器的阈值，即

$$G_{阈} = a_{总} \tag{2-22}$$

它的数值由各种损耗的大小决定。因此形成激光所要求的增益系数的条件为

$$G \geqslant a_{总} \tag{2-23}$$

根据式（2-23）可知粒子数密度反转分布值的阈值为

$$G_{阈} = \Delta n_{阈} B_{21} h\nu f(\nu) = a_{总} \tag{2-24}$$

2.5.4 介质能级的选取

如果激光下能级E_1是基态或很接近基态的能级，则根据玻尔兹曼分布可知E_1能级上粒子数密度很大，这样完全要靠激励能源将下能级中一半以上的粒子不停地抽运到高能级E_2上，且要满足：

$$n_2 \geqslant n_1 + \Delta n_{阈} \tag{2-25}$$

如果下能级不是基态，并在常温下它就是一个空态，此时激励能源只要抽运粒子到高能级E_2上即可，这对激励能源的功率要求较低，就是常说的三能级系统和四能级系统。

通过对三能级系统和四能级系统的比较可知，三能级系统达到阈值时上能级应该具有的粒子数密度几乎是$\Delta n_{阈}$的10倍，这就要求激励能源能对三能级的增益介质输入较多的能量来抽运下能级的粒子，其工作效率很低。而四能级系统达到阈值时，只要求上能级的粒子数密度稍微大于$\Delta n_{阈}$即可，它对激励源的要求较低。因此，四能级系统工作效率比三能级系统的要高。

思考与练习

2-1　光学谐振腔的作用是什么？

2-2　光学谐振腔的构成要素有哪些，各自有哪些作用？

2-3　画出谐振腔的稳定图，并在图中标出平行平面腔、共焦腔、共心腔以及半共焦腔的位置。

2-4　有两个反射镜，镜面曲率半径 R_1=−50cm，R_2=100cm，试问：

（1）构成介稳腔的两镜间距多大？

（2）构成稳定腔的两镜间距在什么范围内？

（3）构成非稳腔的两镜间距在什么范围内？

2-5　共焦腔是不是稳定腔，为什么？

2-6　某稳定腔两面反射镜的曲率半径分别为 $R_1=-1\,\text{m}$ 及 $R_2=1.5\,\text{m}$。

（1）这是哪一类型谐振腔?

（2）试确定腔长 L 的可能取值范围，并作出谐振腔的简单示意图。

（3）请作稳定图并指出它在图中的可能位置范围。

2-7　试求出平凹、双凹、凹凸共轴球面腔的稳定性条件。

2-8　制作一个腔长为 L 的激光器，需要用两块曲率半径相等的反射镜 $R_1=R_2=R$ 构成一个稳定的谐振腔，反射镜曲率半径的取值范围如何确定？

2-9　要制作一个腔长 L=60cm 的对称稳定腔，求反射镜的曲率半径取值范围。

2-10　稳定腔的一块反射镜的曲率半径 $R_1=4L$，求另外一块反射镜的曲率半径的取值范围。

2-11　稳定谐振腔的两块反射镜曲率半径分别为 $R_1=40\,\text{cm}$，$R_2=100\,\text{cm}$，求腔长 L 的取值范围。

2-12　几何损耗存在于哪一类型的谐振腔中？

2-13　光学谐振腔的衍射损耗与其什么参数相关？

项目 3　激光器光学谐振腔特性

知识目标

- 掌握激光在谐振腔中的传播特性
- 了解激光在腔外的光束强度与相位的大小和分布

能力目标

- 能够结合激光横模和纵模分析谐振腔的有关特性
- 掌握高斯光束的性质和传播特性

任务 3.1　激光谐振腔的模式

前面已经对激光产生的工作原理进行了学习，知道了光学谐振腔是激光器的三个主要组成部分之一。光学谐振腔倍增了激光增益介质的受激放大作用长度以形成光的高亮度，提高了激光器发光的方向性和相干性。最简单的光学谐振腔一般是在工作物质两端适当放置两个反射镜，一个反射镜是全反射镜，另一个是部分反射、部分透射的半反射镜。光学谐振腔的主要作用有两个：一是产生激光，光学谐振腔可以提供正反馈，使工作物质中产生的光辐射多次通过工作物质，当受激辐射所提供的增益超过腔内损耗时，就可以形成稳定的光振荡，输出功率稳定的激光。二是控制腔内振荡光束的特性，改善输出激光的质量。通过调节光学谐振腔的几何参数，还可以直接控制激光光束的横向分布特性、光斑大小、谐振频率和光束发散角等。

激光器光学谐振腔有很多结构形式，其中最简单和最常用的是由两个球面镜构成的开放式光学谐振腔。开放式光学谐振腔简称开腔，其主要特点是侧面敞开，只靠两端的反射镜来实现光束在腔内的往返传播，对于光波没有任何其他限制。开腔可分为稳定腔、临界腔和非稳腔，其中稳定腔的几何偏折损耗很低，故绝大多数中、小功率器件都采用稳定腔。稳定腔虽有损耗低的优点，但由于其基横模模体积太小和横模鉴别能力低，难以同时实现激光器高功率输出和基横模运行。因此，高功率激光器常采用模体积大和横模鉴别能力高的非稳腔，以获得性能优良的高功率激光。

本任务只讨论由两个球面镜构成的开放式光学谐振腔。

3.1.1　激光模式的概念

（1）模式的概念

一般来讲，光学谐振腔的几何尺寸远大于光的波长，因此必须研究光的电磁场在光学谐振腔内的分布问题，即光学谐振腔的模式问题。光学谐振腔的两个反射镜构成了腔的边界，它对腔内的电磁场施加一定的束缚。无论是闭腔或是开腔，一切被束缚在有限空间范围内的电磁场都将存在于一系列的本征状态内，而且场的每一个本征状态都有一定的振荡频率和分布空间。将光学谐振腔内的电磁场的本征状态称为激光模式。从光子的观点来看，每一种激光模式就是腔内可以区分的一种光子态。激光的模式可以分为两类，即横模和纵模，一般表示为TEM_{qmn}。横模是指可能存在于腔内的横向场分布，用横模序数m和n来描述。纵模是指可能存在于腔内的驻波场，用纵模序数 q 来描述，q 表示沿着腔的轴线的激光场的驻波节点数，一般不写出来。

腔内电磁场的本征态应由麦克斯韦方程组及腔的边界条件决定。由于不同类型和结构的光学谐振腔的边界条件各不相同，因此光学谐振腔的模式也各不相同。对于波导腔，一般可以通过直接求解微分形式的麦克斯韦方程组来决定其模式；对于开腔，通常从波动光学的衍射理论出发，归结为求解一定类型的积分方程。只要确定了光学谐振腔的具体结构和几何参数，就能确定激光模式的基本特征。所谓模式的基本特征，就是指每一个模的电磁场分布、模的谐振频率、每一个模在腔内往返一次的相对功率损耗、每一个模相对应的激光束发散角。

（2）自再现模的概念和积分方程

对于激光器开腔，因反射镜大小有限，在对光束起反射作用的同时，还会引起光波的衍射效应。腔内的光束每经过一次反射镜的作用，就使光束的一部分不能再次被反射回腔内。所以，反射回来的光束的强度减弱，光强分布也发生变化。利用迭代法数值计算证明，当反射次数足够多时（约三百多次反射），光束的横向场分布便趋于稳定，不再受衍射的影响。场分布在腔内往返传播一次后能够“再现”出来，反射只改变光的强度大小，而不改变光的强度分布。这种稳态场经一次往返后，唯一的变化，是镜面上各点的场振幅按同样的比例衰减，各点的相位发生同样大小的滞后。当两个镜面完全相同时（对称开腔），这种稳态场分布应在腔内经单程渡越（传播）后即实现“再现”。这个稳定的横向场分布，就是激光谐振腔的自再现模。

根据菲涅尔—基尔霍夫衍射公式和自再现模理论，利用迭代法计算得到：

$$\sigma_{mn}u_{mn}(x,y)=\iint K(x,y,x',y')u_{mn}(x',y')\mathrm{d}s' \tag{3-1}$$

式（3-1）就是自再现模积分方程。积分方程的本征函数解 u_{mn} 一般为复函数，它的模代表对称开腔任一镜面上的光场振幅分布，幅角则代表镜面上光场的相位分布。积分方程的本征值 σ_{mn} 一般也是复数，它的模反映了自再现模在腔内单程渡越时所引起的功率损耗，包括衍射损耗和几何损耗，但主要是衍射损耗，称为单程衍射损耗。u_{mn} 与 σ_{mn} 的下标表示该方程存在一系列的不连续的本征函数解与本征值解，即模序数，表明在某一给定开腔中，可以存在许多不同的自再现模。由于积分方程是二维的，故需要两个模参数来区分这些不同的自再现模。

3.1.2 激光横模

自再现模积分方程的本征函数解 u_{mn} 表示的是在激光谐振腔中存在的稳定的横向场分布，就是自再现模，通常叫做横模。当激光器输出的激光束照射在光屏上时，可以观察到光束横截面上光强的分布情况，即激光横模光斑，如图 3-1 所示。

不同的横模在光束截面上的光强分布是完全不同的，但始终都是稳定的、有规律的图形。如果光学谐振腔由两面方形孔径的反射镜组成，则横模序数 m 、n 分别表示沿镜面直角坐标系的水平和竖直坐标轴的激光场节线数，如图 3-1（a）、（b）、（c）、（d）所示。如果光学谐振腔由两面圆形孔径的反射镜组成，则横模序数 m、n 分别表示沿镜面极角坐标系的角向和径向的激光场节线数，如图 3-1（e）、（f）、（g）所示。激光横模的特征与光学谐振腔的几何结构紧密相连，知道了谐振腔的几何参数，如腔长、两个反射镜面的孔径尺寸和曲率半径，就可以确定腔内可能存在的各种激光模式的性质，包括场的横向分布、谐振频率、单程衍射损耗率、远场发散角等。激光的横模实际上就是谐振腔所允许，在腔内来回反射，且保持稳定不变的光场各种横向稳定分布。

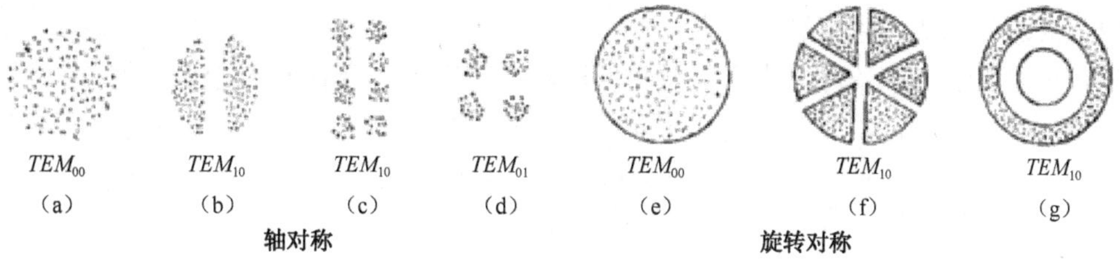

图 3-1 激光横模光斑示意图

当$m=0$、$n=0$时，该横模可以表示为TEM_{00}，称为基模（或横向单模）。基模的场分布集中在反射镜中心，是横模光斑的最简单结构。除基模以外的横模都称为高阶横模，其中TEM_{01}、TEM_{10}也可称为一阶模。

在方形镜面共焦腔中，自再现模积分方程的本征函数解u_{mn}可表示为

$$u_{mn} \approx C_{mn}F_m(X)F_n(Y) \quad (3\text{-}2)$$

由于光强I正比于光振幅u的平方，于是有

$$I \propto {u_{mn}}^2 \propto F_m^2(X)F_n^2(Y) \quad (3\text{-}3)$$

当$m=0$、1、2，$n=0$、1时，$F_m(X)$和$F_n(Y)$的变化曲线决定了该方形镜面共焦腔的横模光强分布，如图 3-2 所示。

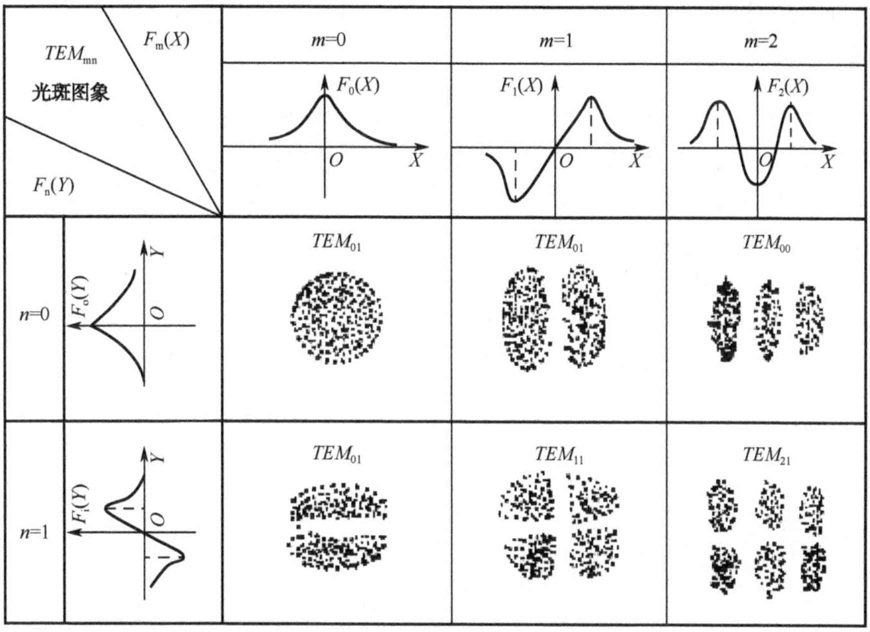

图 3-2 方形镜面共焦腔$F_m(X)$和$F_n(Y)$的变化曲线及相应的光强分布

由$F_m(X)$、$F_n(Y)$函数变化曲线的特点可看出，m、n的数值正好分别等于光强在x、y方向上的节线（光强为零的线）数目，而且由$F_m(X)$和$F_n(Y)$函数的极值分布看出，m、n的数值越大，光场也越向外扩展。

3.1.3 激光纵模

（1）驻波的形成和激光纵模

当腔内存在工作物质时，为了使自再现模在往返传播过程中能形成稳定的振荡，必须满足谐振条件。当光波在腔镜上反射时，入射波和反射波会发生干涉，多次往返会产生多光束干涉。为在腔内形成稳定的振荡，要求光波因干涉而得到加强，即光波在腔内往返一周的相位差$\Delta\varphi$为2π的整数倍，得到：

$$\Delta\varphi = q\cdot 2\pi \tag{3-4}$$

式中，q为正整数。可根据相差和光程差的关系，将式（3-4）改写为

$$\Delta\varphi = \frac{2\pi}{\lambda}\cdot 2L' = q\cdot 2\pi \tag{3-5}$$

式中，λ为真空中的波长，L'为腔的光学长度。设腔的几何长度为L，腔内充满均匀的折射率为μ的介质，则$L'=\mu L$。

满足式（3-5）的波长可表示为λ_{q}，则

$$L' = \frac{\lambda_{\mathrm{q}}}{2}q \tag{3-6}$$

由波长和频率的关系，可得

$$\nu_{\mathrm{q}} = \frac{c}{2L'}q = \frac{c}{2\mu L}q \tag{3-7}$$

通常，将式（3-7）称为谐振条件，将满足式（3-7）的ν_{q}称为腔的谐振频率，将满足式（3-6）的λ_{q}称为腔的谐振波长。

每一个q值对应正反两列沿轴线相反方向传播的同频率光波，这两列光波叠加的结果，将在腔内形成驻波。谐振腔形成的每一列驻波称做一个纵模。激光器中满足谐振条件的不同纵模对应着谐振腔内各种不同的稳定驻波场，具有不同的频率。q值定义为纵模序数，又等于驻波的波节数。光波的波长是微米数量级，所以通常的光学谐振腔内产生的驻波波节数是一个很大的量，因此q是一个很大的数。

（2）纵模频率间隔

不同的纵模对应不同的q值，对应不同的频率。腔内两个相邻纵模频率之差$\Delta\nu_{\mathrm{q}}$称为纵模的频率间隔。由（3-7）式可得

$$\Delta\nu_{\mathrm{q}} = \nu_{\mathrm{q+1}} - \nu_{\mathrm{q}} = \frac{c}{2L'} \tag{3-8}$$

对于$L'=\mu L$，有

$$\Delta\nu_{\mathrm{q}} = \frac{c}{2\mu L} \tag{3-9}$$

由式（3-9）可以看出，$\Delta\nu_{\mathrm{q}}$与q无关，对一定的光腔为一常数，因而腔的纵模在频率尺度上是等距离排列的，如图3-3所示。图中每一个纵模均有一定的谱线宽度$\Delta\nu_{\mathrm{F}}$。

例如，对于腔长L=10cm的He-Ne气体激光器，设μ=1，由式（3-9）可得$\Delta\nu_{\mathrm{q}}=1.5\times10^9$Hz；对腔长$L$=30cm的He-Ne气体激光器，$\Delta\nu_{\mathrm{q}}=0.5\times10^9$Hz。在普通的Ne原子辉光放电中，荧光光谱的中心频率$\nu=4.74\times10^{14}$/s（波长为6328Å），其线宽$\Delta\nu_{\mathrm{F}}=1.5\times10^9$Hz。而在光学谐振腔中，允许的谐振频率是一系列分立的频率，只有满足谐振条件式（3-8），同时又满足阈值条件，

且落在Ne原子6328Å荧光线宽范围内的频率成分才能形成激光振荡。因此10cm腔长的He-Ne激光器只能出现一种频率的激光，通常称为单模（或单纵模）激光器。而腔长30cm的He-Ne激光器则可能出现三种频率的激光，也就是可能出现三个纵模，称为多模（或多纵模）激光器。

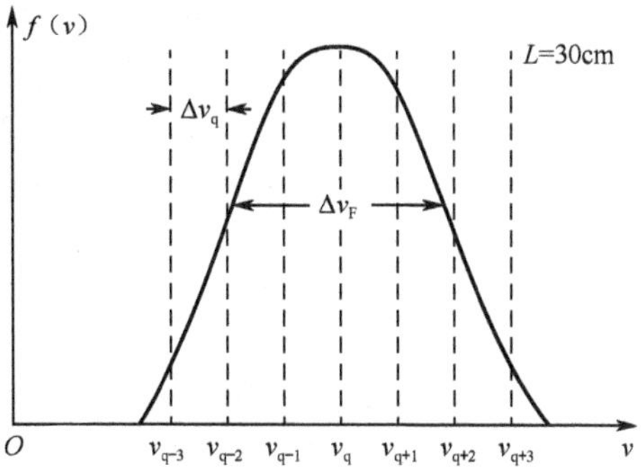

图3-3 腔中允许的纵模数

由以上讨论可以看出，普通光源发出线宽为$\Delta\nu_F$的光，而在光学谐振腔中，只留下$\Delta\nu_F$中满足谐振条件及阈值条件的那些频率，其他的频率都被谐振腔抑制掉了。这样，由激光器输出的激光的单色性就比普通光源的要好得多。

任务3.2 激光的光场分布

在应用激光时，必须了解激光器输出激光的具体光场分布，从而控制激光的强度和相位，因此，需要求解对称开腔中的自再现模积分方程，即式（3-1）。该方程是个具有连续对称核的线性齐次积分方程，数学上可证明该积分方程的解是存在的，但至今仍未找到通用的解析求解方法。对不同结构的谐振腔只能采用不同的方法求解，如平行平面腔，可用迭代法进行数值计算，结果用图或表的形式给出；对称共焦腔，可用解析法求出方程的精确解及近似解的解析表达式。本任务以方形镜面对称共焦腔为例，求解该积分方程，数学过程省略，给出场函数u_{mn}的具体表示式，从而得到在方形镜面对称共焦腔镜面上的场分布，并由此导出激光谐振腔的光场分布，得到输出激光的强度和相位。

设方形镜每边长为$2a$，共焦腔的腔长为L，则镜面的曲率半径R等于腔长L，光波波长为λ。以坐标(x,y)来表示镜面上的任意点，镜面中心为坐标的原点。在近轴情况下有$R \gg a \gg \lambda$及$\dfrac{a^2}{\lambda L} \ll \left(\dfrac{L}{a}\right)^2$，则自再现模积分方程式（3-1）有本征函数近似解析解，为

$$u_{mn} \approx C_{mn} H_m(X) H_n(Y) e^{-\frac{X^2+Y^2}{2}} \tag{3-10}$$

本征值近似解为

$$\sigma_{mn} = e^{-i[kL-(m+n+1)\frac{\pi}{2}]} \tag{3-11}$$

式中，m=0，1，2，3…；n=0，1，2，3…；C_{mn}为一个和m、n有关的常数，$X = x\sqrt{\dfrac{2\pi}{\lambda L}}$，$Y = y\sqrt{\dfrac{2\pi}{\lambda L}}$，$H_m(X)$和$H_n(Y)$均为厄密多项式，其表示式为

$$H_0(X)=1$$
$$H_1(X)=2X$$
$$H_2(X)=4X^2-2$$
$$\vdots$$
$$H_m(X)=(-1)^m\mathrm{e}^{X}\frac{\mathrm{d}^m}{\mathrm{d}X^m}\mathrm{e}^{-X^2}$$

自再现模积分方程的本征函数u_{mn}决定了方形镜面上的光场分布，其中本征函数的模决定振幅分布，幅角决定相位分布。单程衍射损耗和单程相移则与积分方程的本征值σ_{mn}有关。

1．振幅分布

令$F_{\mathrm{m}}(X)=H_{\mathrm{m}}(X)\mathrm{e}^{-\frac{X^2}{2}}$，$F_{\mathrm{n}}(Y)=H_{\mathrm{n}}(Y)\mathrm{e}^{-\frac{Y^2}{2}}$，则式（3-2）可改写为式（3-10），因光强$I\propto {u_{\mathrm{mn}}}^2\propto F_{\mathrm{m}}^2(X)F_{\mathrm{n}}^2(Y)$，就是前面激光横模中讨论的方形镜面共焦腔的横模光强分布。

当$m=0$，$n=0$时，基横模TEM_{00}场分布为

$$u_{00}=C_{00}\mathrm{e}^{-\frac{x^2+y^2}{\lambda L/\pi}} \tag{3-12}$$

可见，镜面上的场分布与镜面的半宽度a无关，沿横向的分布是高斯型分布。在镜面中心，场的振幅最大。定义镜面上基模的“光斑有效截面半径”为w_{s}，则在离镜中心距离为w_{s}处的场振幅下降为镜中心之值的e^{-1}倍，基模光束的光能量集中在光斑有效截面圆内。由式（3-12）得w_{s}值为

$$w_{\mathrm{s}}=\sqrt{x_{\mathrm{s}}^2+y_{\mathrm{s}}^2}=\sqrt{\frac{\lambda L}{\pi}} \tag{3-13}$$

增大镜面宽度，只减小衍射损耗，对光斑尺寸并无影响，且共焦腔的光斑非常小。例如，腔长为30cm的氦氖激光器采用共焦腔时，w_{s}仅为0.5mm。

2．相位分布

因$u_{\mathrm{mn}}(x,y)$是实函数，所以镜面上各点的光场相位相同。无论是基模还是高阶横模，共焦腔反射镜面本身就构成光场的一个等相位面。

3．单程衍射损耗

要详细讨论单程衍射损耗，σ_{mn}必须用精确解。一般说来常将单程衍射损耗忽略不计，但是在讨论激光器单横模的选取时必须考虑。

4．单程相移与谐振频率

由式（3-11）可得方形镜共焦腔单程附加相移为

$$\Delta\varphi_{\mathrm{mn}}=(m+n+1)\frac{\pi}{2} \tag{3-14}$$

可见，其附加相位超前，其超前量随横模阶数而变。

由式（3-7）可得方形镜共焦腔的谐振频率为

$$\nu_{\mathrm{mnq}}=\frac{c}{2\mu L}\left[q+\frac{1}{2}(m+n+1)\right] \tag{3-15}$$

可见，同一横模、两个相邻纵模的频率间隔仍为

$$\Delta\nu_{\mathrm{q}}=\frac{c}{2\mu L} \tag{3-16}$$

而同一纵模两个相邻的横模之间的频率间隔则为

$$\Delta\nu_{\mathrm{m}}=\Delta\nu_{\mathrm{n}}=\frac{1}{2}\Delta\nu_{\mathrm{q}} \tag{3-17}$$

由上可得，$\Delta\nu_{\mathrm{m}}$、$\Delta\nu_{\mathrm{n}}$与$\Delta\nu_{\mathrm{q}}$属于同一个数量级，共焦腔对谐振频率出现了高度简并的现象，即所有$2q+m+n$相等的模式都将具有相同的谐振频率。例如，TEM_{mnq}，$TEM_{\mathrm{m-1,n+1,q}}$，$TEM_{\mathrm{m-2,n,q+1}}$…都有相同的谐振频率。这对激光器的工作状态会产生不良影响，因为所有频率相等的模式都处在工作物质增益曲线的相同位置，从而彼此间产生强烈的竞争作用，导致多模振荡，使输出激光光束质量变坏。方形镜共焦腔的振荡频谱如图 3-4 所示。

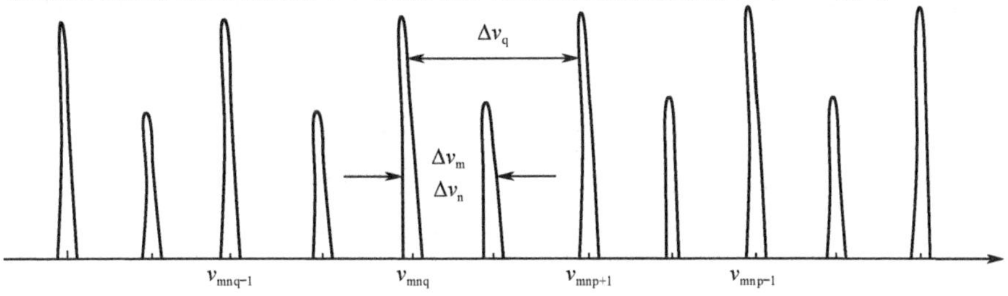

图 3-4 方形镜共焦腔的振荡频谱

对于圆形镜共焦腔，它的分析方法和方形镜共焦腔的分析方法完全一样，只是求解时要用球坐标处理。这里仅给出一个重要结果，即圆形镜共焦腔谐振频率为

$$\nu_{\mathrm{mnq}}=\frac{c}{2\mu L}\left[q+\frac{1}{2}(m+2n+1)\right] \tag{3-18}$$

任务 3.3 激光的光束传播特性

由前面讨论可知，对激光光学谐振腔，可以通过求解自再现模积分方程的方法得到腔镜镜面上的光场分布函数，并进一步用衍射积分得到腔内、腔外的行波。根据谐振腔的不同结构，求解方法各有不同。在对称共焦腔中，基横模行波输出在与光束前进方向的垂直平面上的强度分布呈高斯型，通常称为高斯光束。高斯光束体现出激光光束与普通光源发出的光束不同的基本特点，对于激光的应用有极其重要的意义。在一般的稳定球面腔中，求解计算比对称共焦腔更复杂，可采用等价对称共焦腔的方法，将对称共焦腔的结果推广到一般的稳定球面腔。

3.3.1 高斯光束的传播特性

图 3-2 是激光器的各种模式输出的光强分布示意图。由图所示，除了基横模以外的各种高阶模的强度分布都在光斑中呈现出至少一条光强极小的节线，因而光强分布十分不均匀，大大限制了高阶模的应用范围。基横模的输出是相对均匀的，而且它的强度中心沿直线传播，可以通过光学系统的变换实现聚焦、准直、扩束，从而使激光广泛应用于国民经济和科学技术的各个领域。但是高斯光束与普通光束有很大的区别，它的传播方向性很好，同时也会不

断地发散，其发散的规律不同于球面波；在传播过程中它的波面曲率一直在变化，但是永远不会变成零；除了光束中心，高斯光束并不沿直线传播。因此，为了更好地使用激光，必须学习高斯光束的传播特性。

（1）高斯光束的振幅和强度分布

将镜面上的光场分布 u_{mn} 代入基尔霍夫衍射公式，可以得到镜面上和由谐振腔输出之后的光场分布，本任务中不再赘述。经计算，可得基横模 TEM_{00} 的场振幅 U_{00} 和强度 I_{00} 分布为

$$U_{00}=\exp\left(\frac{-2}{1+\zeta^2}\frac{x^2+y^2}{w_s^2}\right)$$

$$I_{00}={U_{00}}^2=\exp\left(\frac{-4}{1+\zeta^2}\frac{x^2+y^2}{w_s^2}\right) \tag{3-19}$$

式中忽略了常量因子 C_{mn}。当场振幅为轴上（$x^2+y^2=0$）的值的 e^{-1} 倍，即强度为轴上的值的 e^{-2} 倍时，所对应的横向距离为

$$w(z)=\frac{w_s}{\sqrt{2}}\sqrt{1+\zeta^2}=\frac{w_s}{\sqrt{2}}\sqrt{1+\frac{4z^2}{L^2}} \tag{3-20}$$

$w(z)$ 称为 z 处截面内基横模的有效截面半径，简称截面半径。将共焦腔镜面上基横模的光斑半径式（3-13）代入式（3-20），可得在 z 处高斯光束的截面半径仅取决于共焦腔的腔长，即

$$w(z)=\sqrt{\frac{\lambda L}{2\pi}\left[1+\left(\frac{2z}{L}\right)^2\right]} \tag{3-21}$$

在共焦腔中心（$z=0$）的截面内的光斑有极小值，即

$$w_0=\frac{1}{\sqrt{2}}w_s=\frac{1}{\sqrt{2}}\sqrt{\frac{\lambda L}{\pi}} \tag{3-22}$$

通常将 w_0 称为高斯光束的束腰半径。在共焦腔的焦平面上，束腰半径 w_0 最小。该处称为高斯光束的“光腰”或“束腰”。

式（3-20）可用 w_0 表示为

$$w(z)=w_0\sqrt{1+\left(\frac{\lambda z}{\pi w_0^2}\right)} \tag{3-23}$$

上式可改写为

$$\frac{w^2}{w_0^2}-\frac{z^2}{(\pi w_0^2/\lambda)^2}=1 \tag{3-24}$$

可见，基模光斑半径 w 随 z 按双曲线规律变化，如图 3-5 所示。

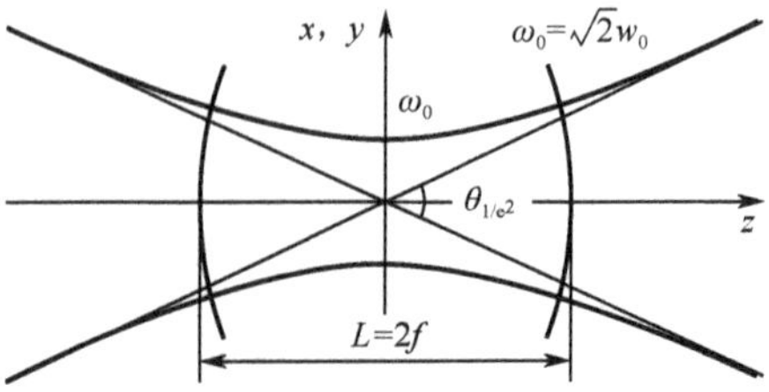

图 3-5　基模光斑半径 w 随 z 按双曲线规律的变化

虽然光强在 $z\neq0$ 的各截面上的分布并不相同，但由于光束是限制在各光斑以光轴为中心、

有效截面半径的圆截面以内传播的，所以通过每个截面的总光功率是相同的。光束中同一截面内所有光强为光轴上光强的 e^{-2} 倍的点的集合是一个圆，而所有各截面上这些点的集合则组成一个回转双曲面。所以除了光轴以外，高斯光束的光线沿着双曲线传播。

以上都是针对基横模 TEM_{00} 的讨论，类似的计算也适用于高阶横模。可以证明 TEM_{mn} 光束在 x 方向比 TEM_{00} 光束扩展 $\sqrt{2m+1}$ 倍，在 y 方向比 TEM_{00} 光束扩展 $\sqrt{2n+1}$ 倍。当 $m=n$ 时，可以近似地用光束有效截面半径 $w_m=\sqrt{2m+1}w$ 来描述高阶横模光束有效截面半径的大小。

（2）高斯光束的相位分布

共焦场的等相位面都是凹面向着腔中心（$z=0$）的球面。等相位面的曲率半径随坐标 z_0 而变化，当 $z_0=\pm f=\pm\dfrac{L}{2}$ 时，$R(z_0)=2f=L$，表明共焦腔反射镜面本身与场的两个等相位面重合。当 $z_0=0$ 时，$R(z_0)\to\infty$，$z_0\to\infty$ 时，$R(z_0)\to\infty$，可见通过共焦腔中心的等相位面是与腔轴垂直的平面，距腔中心无限远处的等相位面也是平面。不难证明，共焦腔反射镜面是共焦场中曲率最大的等相位面。共焦腔中等相位面的分布如图 3-6 所示。

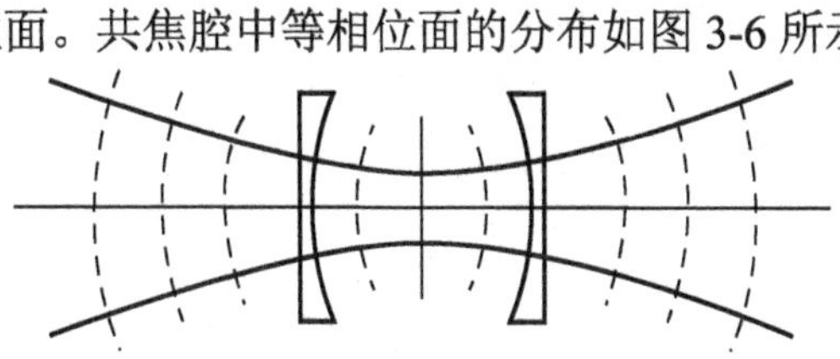

图 3-6　共焦场中等相位面的分布

与球面波类比，可以把高斯光束看成从其对称轴即光轴上一系列的“发光点”上发出的球面波，其波阵面对发光的共焦腔中心具有对称分布。在腔内的波阵面所对应的“发光点”都在腔外，且随着波阵面由镜面向腔中心接近，波阵面的曲率半径逐渐增大，“发光点”由镜面中心移向无穷远处。腔中心处的波阵面是个平面。在腔外的波阵面所对应的“发光点”都在腔内，且随着波阵面由镜面远离腔体，波阵面的曲率半径逐渐增大。“发光点”由镜面中心向腔中心处靠近。无穷远处的波阵面对应的“发光点”是腔中心，因为波阵面的曲率半径增大成无穷大，波阵面也变成平面。镜面本身也是波阵面，它对应的曲率半径最小，每个镜面对应的“发光点”恰好落在另一个镜面的中心。

显然，如果在场的任意一个等相位面处放上一块具有相应曲率的反射镜片，则入射在该镜片上的场将准确地沿着原入射方向返回，这样共焦腔的场分布将不会受到扰动。

（3）高斯光束的远场发散角

前面已经证明，共焦腔的基模光束依双曲线规律从腔的中心向外扩展，由此不难求得基模的远场发散角。该发散角（全角）2θ 定义为双曲线的两根渐近线之间的夹角（参见图 3-5）。

$$2\theta=\lim_{z\to\infty}\frac{2w(z)}{z} \tag{3-25}$$

式中，$2w(z)$ 为光斑直径。如以式（3-23）表示的 $w(z)$ 代入，则得到定义在光束有效截面半径处（即基模强度的 $\dfrac{1}{e^2}$ 处）的远场发散角为

$$2\theta=2\sqrt{\frac{2\lambda}{\pi L}}=\frac{2\lambda}{\pi w_0} \tag{3-26}$$

因此，高斯光束的远场发散角完全取决于其束腰半径。相应的计算表明，包含在全角发

散角内的功率占高斯基模光束总功率的 86.5%。由波动光学知道，在单色平行光照明下，一个半径为 r 的圆孔夫琅和费衍射角（主极大至第一极小值之间的夹角）$\theta=\dfrac{0.61\lambda}{r}$。与式（3-26）相比较可知，高斯光束半角远场发散角 θ 在数值上等于以腰斑 w_0 为半径的光束的衍射角，即它已达到了衍射极限。但因高斯光束强度更集中在中心及其附近，所以实际上比圆孔衍射角要小一点。

由下面的例子可以获得共焦腔基模发散角的数量概念。例如，一共焦腔氦氖激光器腔长 L=30cm，光波长 λ=0.6328μm，则 $\theta_{1/e^2}=2.3\times10^{-3}$rad。一共焦腔 CO_2 激光器 L=1m、λ=10.6μm，则 $\theta_{1/e^2}=5.2\times10^{-3}$rad。可见，共焦腔基模光束的理论发散角具有毫弧度的数量级，说明它的方向性相当好。由于高阶模的发散角是随着模的阶次的增大而增大的，所以多模振荡时，光束的方向性要比单基模振荡差。

（4）高斯光束的高亮度

由于激光器发出的高斯光束有良好的方向性，因而它也具有高亮度的特点。亮度 B 定义为单位面积的发光面在其法线方向上单位立体角范围内输出去的辐射功率。令光源的发光面的面积为 ΔS，其沿着发光面法线方向上 $\Delta\Omega$ 立体角内辐射的光功率为 ΔI，则光源的发光面在该方向上的亮度为

$$B=\frac{\Delta I}{\Delta S\Delta\Omega} \tag{3-27}$$

B 的单位是 W/（cm^2）。由 B 的定义可以看出，在其他条件不变的情况下，发射光束的立体角 $\Delta\Omega$ 越小，则亮度越高。

由于激光的远场发散角 θ 很微小，所以它所张的立体角可表示为

$$\Delta\Omega=\frac{\pi(\theta R)^2}{R^2}=\pi\theta^2 \tag{3-28}$$

当 $\theta_{1/e^2}=2\times10^{-3}$rad 时，相应的立体角为 $\Delta\Omega=\pi\times10^{-6}\,\text{sr}$。所以，一般的激光器是向着数量级约为 10^{-6}sr 的立体角范围内输出激光光束的。而普通光源发光（如电灯光）是朝向空间各个可能的方向的，它的发光立体角为 $4\pi\,\text{sr}$。普通光源的发光立体角是激光的约百万倍，即使两者在单位面积上的发光功率相差不大，激光的亮度也应比普通光的亮度高出上百万倍。实际上，激光还可通过一定的办法来提高它的单位面积的辐射功率，这就使得激光比普通光源的亮度要高得多。例如，一台较高水平的红宝石巨脉冲激光器，每平方厘米的输出功率达 10^9W，发散角接近 1mrad，它的亮度约为 10^{15}W/（cm^2），这比普通光源中以高亮度著称的高压脉冲氙灯的亮度还要高出几十亿倍。

鉴于高斯光束在激光应用中极其重要的地位，下面再重复强调一下它与球面波的区别，并小结一下它的主要特征参量。

高斯光束不像球面波那样在波阵面上具有均匀的振幅分布，而是呈现出高斯型的振幅分布，在光束中心处光能十分集中；不像球面波那样在所有的波阵面具有一个共同的球心，而是不同的波阵面具有不同的曲率中心；不像球面波那样向空间均匀地辐射，而是局限在十分微小的发散角内输出光束，具有极好的方向性。

高斯光束有许多表示其性质的特征参量，其中最重要的是束腰半径，它由激光器发出的光波长和谐振腔的腔长决定，即

$$w_0=\frac{1}{\sqrt{2}}w_s=\sqrt{\frac{\lambda L}{2\pi}} \tag{3-29}$$

高斯光束的其他重要特征参量有以下几类。

波阵面曲率半径：

$$R_0=|z|[1+\left(\frac{\pi w_0^2}{\lambda z}\right)^2] \tag{3-30}$$

光束有效截面半径：

$$w(z)=w_0\sqrt{1+\left(\frac{\lambda z}{\pi w_0^2}\right)^2} \tag{3-31}$$

镜面光束半径：

$$w_s=\sqrt{\frac{\lambda L}{\pi}} \tag{3-32}$$

远场发散角：

$$2\theta=2\sqrt{\frac{2\lambda}{\pi L}}=\frac{2\lambda}{\pi w_0} \tag{3-33}$$

3.3.2 稳定球面腔的光束传播特性

（1）稳定球面腔的等价共焦腔

在介绍高斯光束的等相位面时讨论过，如果在场的任意一个等相位面处放上一块具有相应曲率的反射镜片，则入射在该镜片上的场将准确地沿着原入射方向返回，这样共焦腔中产生的场分布将不会改变。只要该反射镜不在共焦腔原先的反射镜位置上，其曲率半径就与原反射镜不相同，便得到了一个新的谐振腔。该球面腔与原共焦腔等价，产生的行波场与原共焦场完全一致，但是一定不再是共焦的。由于任何一个共焦腔场有无穷多个等相位面，因而存在无穷多个“等价”的球面腔。

反过来，任意一个满足稳定性条件的球面腔只可唯一地与一个共焦腔等价。下面给定稳定球面腔，以双凹腔（图 3-7）为例，来求解与之对应的唯一的一个共焦腔。

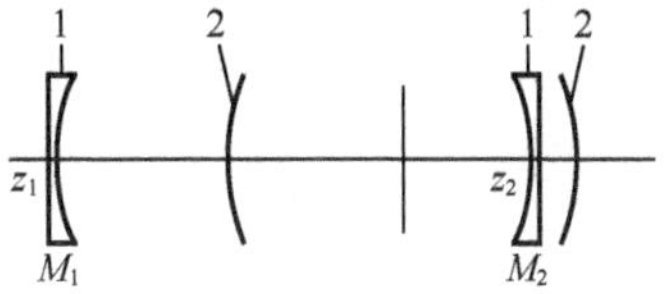

1—球面腔；2—等价共焦腔

图 3-7 球面腔的等价共焦腔

假设双凹腔两镜面 M_1 与 M_2 的曲率半径分别为 R_1 和 R_2，腔长为 L，而所要求的等价共焦腔的共焦参数为 f。以等价共焦腔中点为 z 坐标的原点。M_1、M_2 两镜的 z 坐标为 R_1 和 R_2。按图 3-7 所示情况，根据（3-30）式，波阵面曲率半径 R_1 和 R_2 可以用 f 表示为

$$\begin{cases} R_1=|z_1|\left[1+\left(\dfrac{f}{z_1}\right)^2\right] \\ R_2=|z_2|\left[1+\left(\dfrac{f}{z_2}\right)^2\right] \\ |z_1|+|z_2|=2L \end{cases} \tag{3-34}$$

将此三个方程联立，可唯一地解出一组 z_1、z_2 与 f 的数值，即

$$\begin{cases} |z_1| = \dfrac{L(R_w - L)}{R_1 + R_2 - 2L} \\ |z_2| = \dfrac{L(R_1 - L)}{R_1 + R_2 - 2L} \\ f = \dfrac{\sqrt{L(R_1 - L)(R_2 - L)(R_1 + R_2 - L)}}{R_1 + R_2 - 2L} \end{cases} \tag{3-35}$$

如果 R_1、R_2、L 满足 $0 < \left(1 - \dfrac{L}{R_1}\right)\left(1 - \dfrac{L}{R_2}\right) < 1$，不难证明 $z_1 < 0$、$z_2 > 0$、$f > 0$，这说明给定稳定球面腔可唯一确定一个等价共焦腔。可利用式（3-35）与共焦腔的行波场的特征来讨论一般稳定球面腔（腔参数分别为 R_1、R_2、L）的行波场的特点。

（2）稳定球面腔的光束传播特性

这里只讨论基横模也就是相应高斯光束的传播特性，再对稳定球面腔的谐振频率进行讨论。前者与激光束的应用密切相关，后者涉及激光器的选频。

① 等效共焦腔的束腰半径和原球面腔镜面的基横模光束有效截面半径。

将式（3-35）中 f 代入式（3-29），即可求出等效共焦腔的束腰半径为

$$w_0 = \left[\left(\frac{\lambda}{\pi}\right)^2 \frac{L(R_1 - L)(R_2 - L)(R_1 + R_2 - L)}{(R_1 + R_2 - 2L)^2}\right]^{\frac{1}{4}} \tag{3-36}$$

这也就是该稳定球面腔输出的基横模高斯光束的束腰半径，它决定了稳定球面腔输出的基横模光束的几乎全部性质。

稳定球面腔镜面上的光斑半径等于它的等价共焦腔在该球面腔镜面处的光斑半径。将式（3-35）中 f 与 z_1 代入式（3-31），便可得到 M_1 镜面的基模光斑半径 w_{s1}，将 f 与 z_2 代入式（3-31），便可得到 M_2 镜面的基模光斑半径 w_{s2}。

$$\begin{cases} w_{s1} = \sqrt{\dfrac{\lambda L}{\pi}} \left[\dfrac{R_1^2(R_2 - L)}{L(R_1 - L)(R_1 + R_2 - L)}\right]^{\frac{1}{4}} \\ w_{s2} = \sqrt{\dfrac{\lambda L}{\pi}} \left[\dfrac{R_2^2(R_1 - L)}{L(R_2 - L)(R_1 + R_2 - L)}\right]^{\frac{1}{4}} \end{cases} \tag{3-37}$$

② 谐振频率。

根据前面结论，能够在激光谐振腔中形成谐振输出激光，必须满足谐振条件，即光波在谐振腔中单程总相移必须为 π 的整数倍。假设一般稳定球面腔的两个镜面与光轴的交点处的相位分别为 $\phi(0,0,z_1)$ 和 $\phi(0,0,z_2)$，则有 $\phi(0,0,z_1) - \phi(0,0,z_2) = q\pi$。由此式最终可计算出该方形镜一般稳定球面腔的谐振频率为

$$\nu_{mnq} = \frac{c}{\mu\lambda} = \frac{c}{2\mu L}\left[q + \frac{1}{\pi}(m + n + 1)\cos^{-1}\sqrt{g_1 g_2}\right] \tag{3-38}$$

同理，圆形镜一般稳定球面腔的谐振频率为

$$\nu_{mnq} = \frac{c}{2\mu L}\left[q + \frac{1}{\pi}(m + 2n + 1)\cos^{-1}\sqrt{g_1 g_2}\right] \tag{3-39}$$

任务 3.4　均匀/非均匀增宽型介质激光器的输出功率

连续激光器稳定工作时，由于激光工作物质的光放大作用、谐振腔内的损耗系数分布不均匀、各纵模的驻波效应、光场的横向高斯分布等因素，使得腔内光强分布不均匀。因此，精确计算各点的光强是个非常复杂的问题，由谐振腔内的光强分布出发计算激光器的输出功率也就变得十分复杂。本任务从另一个角度，由增益饱和效应出发，计算激光器在稳态工作时腔内的平均光强，并在此基础上计算激光器的输出功率。

3.4.1　均匀增宽型介质激光器的输出功率

在谐振腔内工作介质为均匀增宽型物质的激光器内，通常只有一个纵模。这个纵模是满足谐振条件的诸纵模中增益系数最大的那个纵模，也就是谐振频率 ν_q 离中心频率 ν_0 最近的纵模。由于 $|\nu_0-\nu_q|$ 很小，因此，ν_q 的增益系数 $G(\nu_q)$ 可以近似地用 ν_0 的增益系数代替，项目 2 已经给出：

$$G=\frac{G^0}{1+\dfrac{I}{I_s}} \tag{3-40}$$

式中，I 为激光器在稳态工作时腔内的平均光强，I_s 为激光工作介质的饱和光强，G^0 为激光工作介质的小信号增益系数。

1）稳定出光时激光器内诸参数的表达式

激光器在稳态下工作时，腔内诸参量也都达到了稳定。

（1）腔内最小光强 $I^+(0)$：由部分反射镜 M_1 反射、沿腔轴传播的光强 $I^+(0)$ 是腔内最弱的行波光强。因为随着 $I^+(0)$ 穿过增益介质，它将不断地得到放大，结果腔内任一点的光强都大于 $I^+(0)$ （光强符号的上标“＋”表示沿腔轴正方向传播；“－”表示沿腔轴负方向传播）。

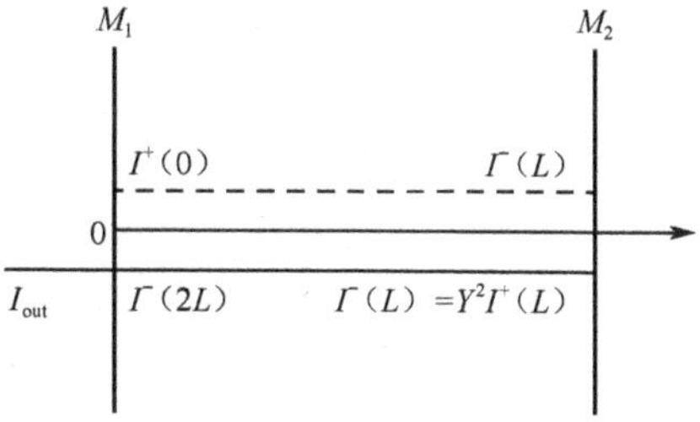

图 3-8　谐振腔内的光强

（2）腔内最大光强 $I^-(2L)$：$I^+(0)$ 在腔内往返放大一周，再回到反射镜 M_1 处时，光强已增大为 $I^-(2L)$，如图 3-8 所示，它是腔内行波光强值最大者。它与 $I^+(0)$ 的关系为

$$I^-(2L)=r_2I^+(0)\exp 2L(G-a_{内}) \tag{3-41}$$

式中，r_2 为反射镜 M_2 的反射率，L 为腔长，$a_{内}$ 为谐振腔的内部损耗系数。

（3）输出光强 I_{out}：最大光强 $I^-(2L)$ 在部分反射镜 M_1 上被分为三份，其中透射光部分就是激光器的输出光强，其值为

$$I_{out}=t_1I^-(2L)=t_1r_2I^+(0)\exp 2L(G-a_{内}) \tag{3-42}$$

式中，t_1 为反射镜 M_1 的透过率。

（4）镜面损耗 I_h：激光器的镜面损耗是三份中的另一份。镜面损耗的表达式为

$$I_h = a_1 I^-(2L) = a_1 r_2 I^+(0)\exp 2L(G - a_{内}) \tag{3-43}$$

式中，a_1 为反射镜 M_1 的镜面损耗系数。

（5）最大最小光强、输出光强和镜面损耗之间关系：剩下的部分被部分反射镜 M_1 反射回增益介质继续放大，这部分就是腔内的最小光强，它可以表示为

$$I^+(0) = r_1 I^-(2L) = r_1 r_2 I^+(0)\exp 2L(G - a_{内}) \tag{3-44}$$

式中，r_1 为反射镜 M_1 的反射率。

由能量守恒定律不难看出，表达式（3-41）～式（3-44）之间的关系为

$$I^-(2L) - I^+(0) = I_{out} + I_h = (a_1 + t_1)I^-(2L) \tag{3-45}$$

（6）平均行波光强

在腔内任一点 z 处都有两束传播方向相反的行波 $I^+(z)$ 和 $I^-(2L-z)$。在这两束行波的作用下，增益介质内的粒子数密度反转分布值会发生饱和效应，增益系数值也随之饱和。在腔内不同的 z 处，增益系数的值不同。近似地用平均光强 $2I$ 代替腔内光强 $I^+(z)$ ＋ $I^-(2L-z)$，用 $G = \dfrac{G^0}{1+\dfrac{2I}{I_s}} = G_{阈}$ 作为腔内的平均增益系数，则由增益系数的表达式可以导出腔内平均行波光强为

$$I = \frac{I_s}{2}\left(\frac{G^0}{G_{阈}} - 1\right) = \frac{I_s}{2}\left(\frac{G^0}{a_{总}} - 1\right) \tag{3-46}$$

2）激光器的输出功率

激光器在理想的情况下可以做到介质内部的损耗 $a_{内} \approx 0$，还可把全反射镜 M_2 的镜面损耗都折合到部分反射镜 M_1 上。这样一来，对全反射镜 M_2 有 $r_2 \approx 1$，$t_2 \approx 0$，$a_2 \approx 0$；对部分反射镜 M_1 有 $r_1 \approx 1-(a_1+t_1)$。激光器的总损耗变为

$$a_{总} = a_{内} - \frac{1}{2L}\ln r_1 r_2 = -\frac{1}{2L}\ln[1-(a_1+t_1)] \tag{3-47}$$

如果 (a_1+t_1) 很小，可以将 $\ln[1-(a_1+t_1)]$ 用级数展开，取到一级近似，则有

$$a_{总} = \frac{a_1 + t_1}{2L} \tag{3-48}$$

在上述条件下，式（3-46）所表示的激光器内行波的平均光强 I 可以化为

$$I = \frac{I_s}{2}\left(\frac{2LG^0}{a_1 + t_1} - 1\right) \tag{3-49}$$

激光器的输出光强也可表示为

$$I_{out} = t_1 I = \frac{I_s}{2} t_1 \left(\frac{2LG^0}{a_1 + t_1} - 1\right) \tag{3-50}$$

若激光束的平均截面积为 A，则激光器的输出功率为

$$P = AI_{out} = \frac{1}{2} t_1 I_s A \left(\frac{2LG^0}{a_1 + t_1} - 1\right) \tag{3-51}$$

式（3-51）就是由均匀增宽型增益介质构成的激光器的输出功率 P 与激光器诸参量之间的关

系式。

3）输出功率与诸参量之间的关系

（1）输出功率与饱和光强的关系

激光器的输出功率 P 与饱和光强 I_s 成正比。

（2）输出功率与光束截面的关系

光束截面积 A 大的激光器，其输出功率 P 也大。高阶横模的光束截面积要比基模的大，因此，一般来说，输出高阶横模的激光器，其输出功率要比同型号的输出基模的激光器的输出功率大。

（3）输出功率与输出反射镜的透射率的关系

部分反射镜的透射率 t_1 的选取对激光器输出功率的影响很大。设计激光器时总希望输出功率大，镜面损耗小，以使光波在腔中往返一次所获得的光能量绝大部分都用于激光器的输出，也即希望式（3-45）能变成

$$I^-(2L)-I^+(0)=(a_1+t_1)I^-(2L)\approx t_1I^-(2L)$$

这就要求把 t_1 选得尽可能大，把 a_1 控制得尽可能小，使 $t_1 \gg a_1$。但是由式（3-48）可以看出，t_1 不能选得过大，因为 t_1 太大会使增益系数的阈值 $G_{阈}$ 升高，如果介质的双程增益系数 $2LG^0$ 不够大，将会导致腔内光强减小，反而使输出功率降低，严重时甚至会使腔内不能形成激光。当然，透射率 t_1 也不能选得过小，因为 t_1 太小时，虽然它使增益系数的阈值降低，使腔内光强增强，但是，随着腔内光强的增高，镜面损耗 $a_1I^-(2L)$ 也将增大，这使光波在介质中往返一次所增加的光能量用于损耗的部分加多，并未实现增加输出的预期效果。为了让激光器有最大的输出功率，必须使部分反射镜的透射率取最佳值。最佳值可以通过对式（3-51）求极值而得到，即令 $\dfrac{\mathrm{d}P}{\mathrm{d}t_1}=0$，则有

$$\frac{1}{2}AI_s\left(\frac{2LG^0}{a_1+t_1}-1\right)+\frac{1}{2}t_1AI_s\left(-\frac{2LG^0}{(a_1+t_1)^2}\right)=0$$

解此方程得

$$t_1=(2LG^0a_1)^{\frac{1}{2}}-a_1=\sqrt{a_1}(\sqrt{2LG^0}-\sqrt{a_1}) \tag{3-52}$$

这就是最佳透射率的表达式，在此透射率下，激光器的输出功率为

$$\begin{aligned}P&=\frac{1}{2}I_sA\sqrt{a_1}\left(\sqrt{2LG^0}-\sqrt{a_1}\right)\left(\frac{2LG^0}{\sqrt{2LG^0a_1}}-1\right)\\&=\frac{1}{2}I_sA(\sqrt{2LG^0}-\sqrt{a_1})^2\end{aligned} \tag{3-53}$$

实际工作中总是先用实验方法确定最佳透射率，再由式（3-52）估算镜面损耗的大小。

3.4.2　非均匀增宽型介质激光器的输出功率

在非均匀增宽型介质中，频率为 ν 的光波只能使速度为 $\pm\upsilon_z$ 的粒子数密度反转分布值饱和，对其他速度的粒子数密度反转分布值几乎无影响。所以增益介质对腔内各纵模的增益系数仅受本纵模光强的影响，基本上与其他纵模的光强无关。这是非均匀增宽型介质与均匀增宽型介质的不同之处。

光波的频率 ν 不在非均匀增宽介质的中心频率处时会发生“对称烧孔”的现象。频率为 ν

的光波沿腔轴正方向传播时，它将使沿腔轴方向运动的速度为υ_z的粒子数密度反转分布值饱和，当该光波经反射镜反射后沿着腔轴的反方向传播时，它又使介质中速度为$-\upsilon_z$的粒子数密度反转分布值饱和。这样，光波在腔内传播时，将有两部分粒子——速度为υ_z的粒子和速度为$-\upsilon_z$的粒子对它的放大做出贡献。也就是说频率为ν的光波，$I^+(\nu,z)$和$I^-(\nu,2L-z)$两束光在增益系数的G-ν曲线上ν_0的两侧对称地“烧”了两个孔，如图3-9所示。对每个孔起饱和作用的分别是$I^+(\nu,z)$或$I^-(\nu,2L-z)$，而不是两者之和。

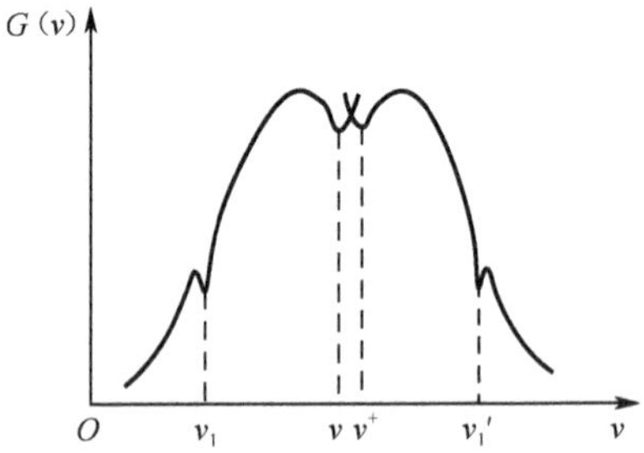

图3-9　非均匀增宽激光器的“烧孔效应”

经计算得出非均匀增宽型介质的激光器的输出功率为

$$P(\nu_0)=\frac{1}{2}At_1I_s\left[\left(\frac{2LG_D^0(\nu_0)}{a_1+t_1}\right)^2-1\right] \tag{3-54}$$

该激光器对ν_0光波的输出功率$P(\nu_0)$要比它对ν_0附近各频率光波的输出功率$P(\nu)$还要低。如果使单纵模输出的激光器的谐振频率由小到大逐渐变化，对应每一个频率为ν_1的光波，它都在增益系数的G-ν曲线上对称地“烧”两个宽度约为$\left(1+\frac{I}{I_s}\right)^{\frac{1}{2}}\Delta\nu$的孔，如图3-9所示。而在输出功率的$P(\nu)$-$\nu$曲线上，对应于$\nu_1$光波的输出功率为$P(\nu_1)$。随着频率逐渐接近$\nu_0$，输出功率也逐渐增大。当频率$\nu$变到

$$\nu_0-\left(1+\frac{I}{I_s}\right)^{\frac{1}{2}}\frac{\Delta\nu}{2}<\nu<\nu_0+\left(1+\frac{I}{I_s}\right)^{\frac{1}{2}}\frac{\Delta\nu}{2}$$

范围内时，该光波在增益系数的G-ν曲线上对称“烧”的两个孔发生了重叠，这意味着参与对ν光波进行增益放大的粒子数开始减少，因此，输出功率将不再随$G_D^0(\nu)$的增加而增加。随着ν与ν_0距离越来越小，G-ν曲线上两个孔的重叠部分也越来越大，输出功率也逐渐减小，直至$\nu=\nu_0$时，G-ν曲线上的两个孔完全重合，输出功率降至一个极小值。输出功率曲线$P(\nu)$-ν如图3-10所示。$P(\nu)$-ν曲线在中心频率ν_0处出现一个凹陷，这个凹陷称为“兰姆凹陷”。兰姆凹陷的中心频率为ν_0，宽度大致为均匀增宽的线宽$\Delta\nu$。当激光管内气体压力加大时，碰撞增宽使$\Delta\nu$增大，这将使兰姆凹陷变宽、变浅，甚至会使之消失。图3-11是不同气压下输出功率随频率变化的曲线，图中$P_3>P_2>P_1$。输出功率的兰姆凹陷常被作为一种稳频的方法而用于稳频技术中，这将在项目4的稳频技术部分详细讨论。

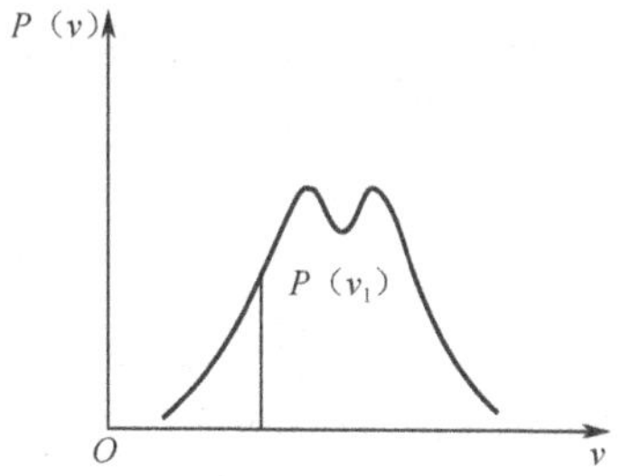

图 3-10 $P(\nu)$-ν 曲线与“兰姆凹陷”

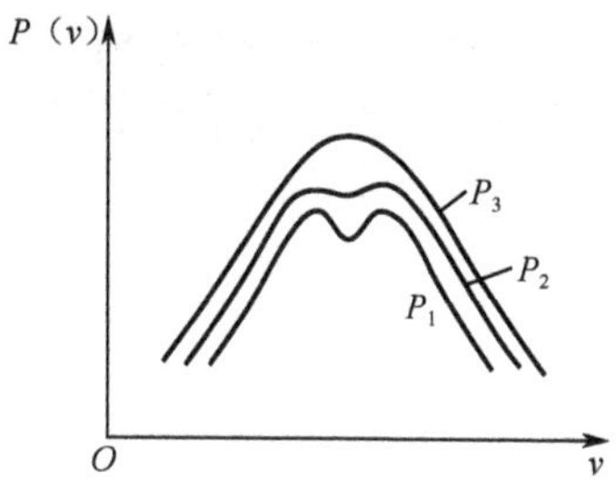

图 3-11 “兰姆凹陷”与管中气压的关系

任务 3.5 线宽极限和品质因子

3.5.1 激光器的线宽极限

普通光源发光的谱线是具有一定的宽度的。造成线宽的原因很多，其中主要包括：能级的有限寿命造成了谱线的自然宽度；发光粒子之间的碰撞造成了谱线的碰撞宽度（或压力宽度）；发光粒子的热运动造成了谱线的多普勒宽度。这三种现象一般是同时出现的，实际的谱线线型是它们共同作用的结果。这样的谱线叫做发光物质的荧光谱线，其线宽叫做荧光线宽。

对一个激光器来说，当它在稳定工作时，其增益正好等于总损耗。这时的理想情况：损耗的能量在腔内的受激过程中得到了补充，而且在受激过程中产生的光波与原来光波有相同的相位，所以新产生的光波与原来的光波相干叠加，使腔内光波的振幅始终保持恒定，相应的就有无限长的波列，故线宽应为“0”。如果激光器是单模输出的话，那么它输出的谱线应该是落在荧光线宽 $\Delta\nu_F$ 范围内的一条“线”，如图 3-12 所示。

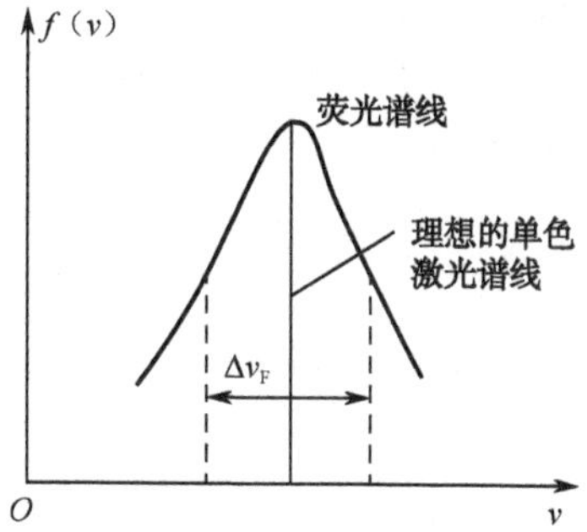

图 3-12 荧光谱线与理想单色谱线

实际上不可能得到等于“0”的线宽。激光的谱线虽然极窄，但仍然有一定宽度。造成激光线宽的原因是多方面的。

（1）激光线宽的内部原因

在理想的激光器中完全忽略了工作物质的自发辐射，而一个实际的激光器尽管它的自发辐射相对于受激辐射来说是极其微弱的，但它毕竟还是不可避免的存在，而且在激光器的输出功率中也贡献它极其微小的一个份额。这一份额是非相干的辐射功率，而受激辐射过程贡献的则是相干的辐射功率。所以，激光器的增益就应该包括受激过程和自发过程两部分的贡献。在振荡达到平衡时，激光器内的能量平衡，应该是介质的受激辐射增益与自发辐射增益之和等于腔的总损耗，因而受激辐射的增益应略小于总损耗。这样，对于受激辐射的相干光来说，每一个波列都存在一定的衰减率，正是这种衰减造成了一定的线宽，这是造成激光线宽的内部原因之一。

另外，腔内自发辐射又产生一列一列前后相位无关的波列，这些波列和相干的波列的光强相叠加，使腔内的光强保持稳定。这样一些一段一段的互相独立的自发辐射的波列也要造成一定的线宽。以上两方面的因素就造成了由于存在自发辐射而引起的激光线宽。如图 3-13 所示，曲线 1 是衰减的相干光的谱线，曲线 2 是自发辐射本身的谱线，曲线 3 是总的谱线。

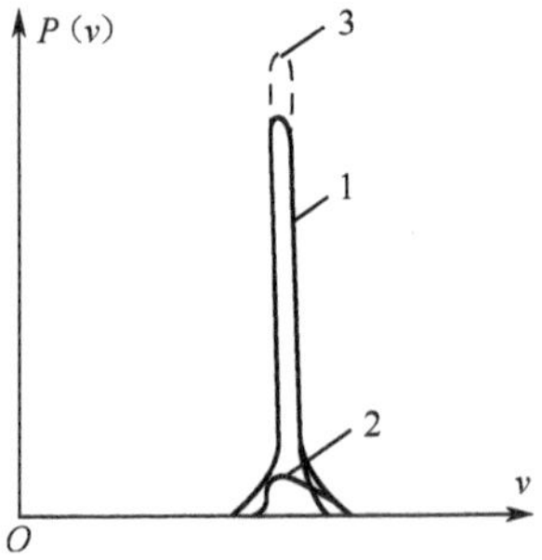

图 3-13　激光的极限线宽

如果激光器的输出功率增大，就说明腔内辐射场的能量密度也变大了，而受激辐射概率是正比于辐射场能量密度的，自发辐射的概率却不变，因此受激辐射所占的比例也相应增大，激光振荡谱线的宽度也相应变窄。这就是说增加激光器的输出功率可以减小由于自发辐射引起的激光线宽。理论计算表明此激光线宽是和激光器输出功率成反比的。

理论计算还指出，单纯由于腔内自发辐射而引起的激光谱线宽度远小于 1Hz。例如，腔长 L=1m，单程损耗 $a_{总}$≈1%，每端输出 1mW 的 He-Ne 激光器发出的 0.6328μm 谱线的宽度约为 5×10^{-4}Hz，这是个极其微小的线宽，而实验测得的激光线宽却远远大于这个数值。这说明造成激光线宽还有其他较自发辐射影响更大的因素。尽管如此，对于自发辐射造成激光线宽的分析还是十分有意义的。因为自发辐射是在任何激光器中都存在的，所以这种因素造成的激光线宽是无法排除的。也就是说这种线宽是消除了其他各种使激光线宽增加的因素后，最终可以达到的最小线宽，所以叫做线宽极限。

（2）激光线宽的外部原因

产生激光线宽的其他方面的原因是属于外部方面的，尤其是影响激光稳定性的一些因素，诸如温度的波动、机械的振动、大气压力和湿度的变化、空气的对流、损耗的波动、增益的波动及荧光中心频率漂移等。因为当激光的频率不稳定而发生变化和漂移时，激光振荡就不会是等幅的连续的正弦振荡。它必然会形成一定的频率分布，因而出现一定的谱线宽度。实验表明，稳频度较高的 He-Ne 激光器输出的谱线宽度大约为几十 Hz 的数量级，普通的 He-Ne 激光器可达约 10^4Hz 的数量级（其荧光线宽大约为 10^9Hz 的数量级），而固体激光器和半导体激光器的谱线宽度更宽，一般都在 10^6Hz 以上。

3.5.2　激光光束质量的品质因子 M^2

在激光技术及其应用领域，以及激光器的设计和生产过程中，光束质量是衡量激光光束优劣的一项重要指标。在激光的发展过程中，针对不同的应用目的，曾用多种参数来评价光束质量，如聚焦光斑尺寸、远场发散角等。但由于激光束经过光学系统后，束腰尺寸和发散角均可以发生改变，减小腰斑半径必然会使发散角增大，因此单独使用发散角或者单独使用腰斑尺寸来评价光束质量是不科学的。为了克服常用的光束质量评价方法的局限，近年来国际光学界发展出一种表征激光光束质量的参量——品质因子 M^2，并已由国际标准化组织（ISO）予以推荐试用。

光束质量是激光束可聚焦程度的度量，描写激光光束品质的 M^2 因子的定义式为

$$M^2 = \frac{\omega\theta}{\omega_0\theta_0} \tag{3-55}$$

式中，ω 和 ω_0 分别为实际光束和基横模高斯光束的束腰半径；θ 和 θ_0 分别为实际光束和基横模高斯光束的远场发散角。从定义中可以看出 M^2 因子是以理想高斯光束即基横模 TEM_{00} 作为比较的标准的。

不难看出，基横模高斯光束的束腰半径和远场发散角的乘积为一个常量，即

$$\omega_0\theta_0 = \frac{\lambda}{\pi} \tag{3-56}$$

即使采用各种光学变换方法，例如聚焦或准直来减小束腰半径或者压缩远场发散角，$\omega_0\theta_0$ 也总是一个常量，因此束腰半径与远场发散角的乘积反映了基横模高斯光束的固有特性，这样就避免了只用光斑尺寸或只用发散角作为光束品质判据带来的不确定性。作为比较的标准，基横模高斯光束 $M^2=1$，为 M^2 因子的极小值，即基横模（TEM_{00} 模）高斯光束，有最好的光束品质。

通过自再现模积分方程的求解分析，无论方形镜共焦腔还是圆形镜共焦腔，其高阶高斯光束随着模阶数 m 或 n 的增加，光腰半径及发散角与基横模高斯光束相比偏差越来越大，光腰半径与远场发散角之积越大，光束质量也就越差。因此，对实际光束来说 $M^2 \geqslant 1$，M^2 因子值越大，光束质量越差。并且 M^2 因子克服了常用光束质量评价方法的局限，用 M^2 因子作为评价标准对激光器系统进行质量监控及辅助设计等具有十分重要的意义。

思考与练习

3-1 激光器光学谐振腔的作用是什么？

3-2 腔长为 0.5m 的氩离子激光器，发射中心频率 ν_0=5.85×10^{14}Hz，荧光线宽 $\Delta\nu$=6×10^8 Hz，问它可能存在几个纵模？相应的 q 值为多少（设 μ=1）？

3-3 He-Ne 激光器的中心频率 ν_0=4.74×10^{14}Hz，荧光线宽 $\Delta\nu$=1.5×10^{9}Hz。今腔长 L=1m，问可能输出的纵模数为多少？为获得单纵模输出，腔长最长为多少？

3-4 连续工作的 CO_2 激光器输出功率为 50W，聚焦后的基模有效截面直径 $2w$=50μm，计算（1）每平方厘米平均功率（50W 为有效截面内的功率）；（2）试与氩弧焊设备（10^{4}W / cm^2）及氧乙炔焰（10^{8}W / cm^2）比较，分别为它们的多少倍？

3-5 一台 He-Ne 气体激光器采用对称共焦腔，振荡波长为 632.8nm，若腔镜上的基模光斑尺寸为 0.5mm，问谐振腔腔长是多少？

3-6 （1）计算腔长为 1m 的共焦腔基横模的远场发散角，设 λ=6328Å，10km 处的光斑面积有多大？（2）有一普通探照灯，设发散角为 2°，则 1km 远处的光斑面积有多大？

3-7 一共焦腔（对称）L=0.40m，λ=0.6328μm，束腰半径 $w_0 = 0.2$mm，求离腰 56cm 处的光束有效截面半径。

3-8 某高斯光束腰斑大小 ω_0=1.14mm，λ=10.6μm。求与束腰相距 30cm、10m、1000m 远处的光斑半径 ω 及波前曲率半径 R。

3-9 考虑一用于氩离子激光器的稳定球面腔，波长 λ=0.5145μm，腔长 L=1m，腔镜曲率半径 R_1=1.5m，R_2=4m。试计算光腰尺寸和位置，两镜面上的光斑尺寸，并画出等效共焦腔的位置。

3-10 欲设计一对称光学谐振腔，波长 λ=10.6μm，两反射镜间距 L=2m，如选择凹面镜曲率半径 $R=L$，试求镜面上光斑尺寸。若保持 L 不变，选择 $R >> L$，并使镜面上的光斑尺寸 w_s=0.3cm，问此时镜的曲率半径和腔中心光斑尺寸多大？

3-11 考虑如图 3-14 所示的 He-Ne 激光器，设谐振腔的腔镜为圆形镜。试求 TEM_{00} 和 TEM_{10} 模之间的频率差。假定 TEM_{00q} 模的单程衍射损耗 δ_{00}<0.1%，试问：维持该激光器振荡的最小增益系数为多大？

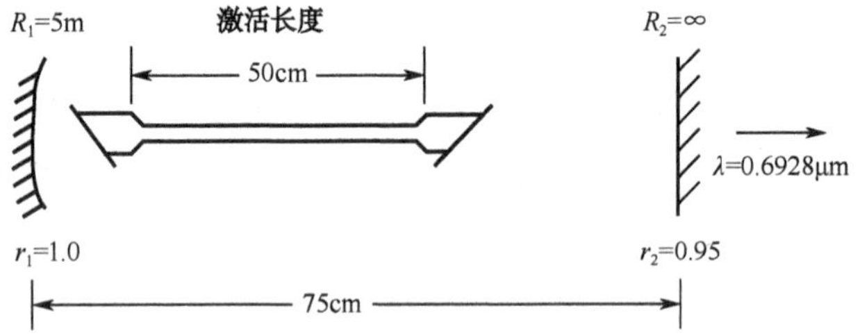

图 3-14 题 3-11 图

项目 4　激光基本技术

知识目标

- 掌握激光在使用过程中的常见变换方法及技术
- 了解常见的激光技术的工作原理

能力目标

- 能够针对激光进行各种常见变换
- 掌握激光选模、稳频、调制、偏转、调 Q 的原理及常见方法

任务 4.1　激光模式选取

激光技术包括选模技术、稳频技术、调 Q 技术、偏转技术等，还包括对激光束进行有针对性的变换过程。

激光技术的某些应用领域要求激光束具有很高的光束质量（即方向性或单色性很好），但是一般的激光器难以满足这种要求。大多数激光器为了得到较大的输出能量使用较长的激光谐振腔，这就使得激光器的输出是多模的。然而，基横模（TEM_{00} 模）与高阶模相比，具有亮度高、发散角小、径向光强分布均匀、振荡频率单一等特点，具有最佳的时间和空间相干性。因此，单一基横模运转的激光器是一种理想的相干光源，对于激光干涉计量、激光测距、激光加工、光谱分析、全息摄影和激光在信息技术中的应用等都十分重要。为了满足这些使用要求，必须采用种种限制激光振荡模的措施，抑制多模激光器中大多数谐振频率的工作，利用所谓模式选择技术，获得单模单频激光输出。

进一步提高光束质量的方法是对激光谐振腔的模式进行选择。模式选择技术可分为两大类：一类是横模选择技术，它能从振荡模式中选出基横模 TEM_{00}，并抑制其他高阶模振荡，基模衍射损耗最小，能量集中在腔轴附近，使光束发散角得到压缩，从而改善其方向性。另一类是纵模选择技术，它能限制多纵模中的振荡频率数目，选出单纵模振荡，从而改善激光的单色性。由于这种技术对激光的输出频率影响较大，因此也称为激光选频技术。

4.1.1　激光单横模的选取

激光横模是光学谐振腔的横截面内激光光场的分布。图 4-1 所示的是几个低阶横模的光场强度分布照片。横模阶数越高，光强分布就越复杂且分布范围越大，因而其光束发散角越大。反之，基模（TEM_{00}）的光强分布图案呈圆形且分布范围很小。其光束发散角最小，功率密度最大，因此亮度也最高，而且这种模的径向强度分布是均匀的。有许多应用不仅要求高的激光功率，而且还要求小的发散角，故选取单横模激光是很有必要的。

（1）横模选择的方法

横模选择方法可分为两类：一类是只改变谐振腔的结构和参数以获得各模衍射损耗的较大差别，提高谐振腔的选模性能；另一类是在一定的谐振腔内插入附加的选模元件来提高选模性能。气体激光器大都采用第一类方法，常在设计谐振腔时，适当选择腔的类型和腔参数 g、N 值，以实现基模输出。固体激光器则要采用第二类方法，因固体工作物质口径较大，为减

小菲涅尔数 N，则必须在腔内插入选模元件。

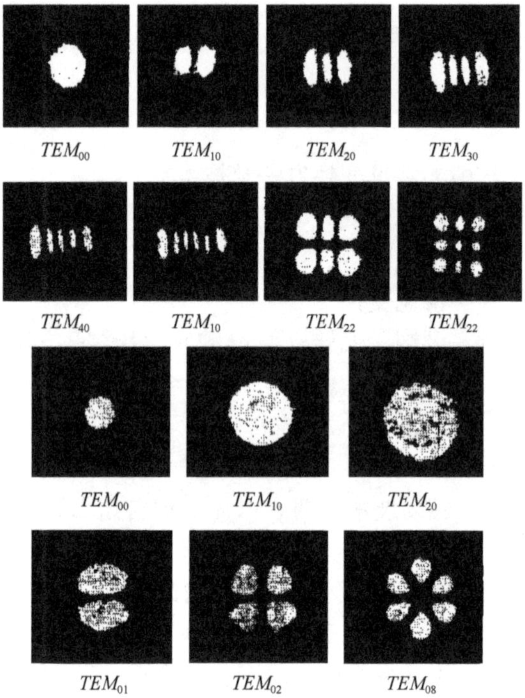

图 4-1　不同横模的光场强度分布

（2）衍射损耗和菲涅耳数

激光振荡的条件是增益系数 G 必须大于损耗系数 $a_{总}$。损耗可分为与横模阶数有关的衍射损耗和与振荡模式无关的其他损耗，如输出损耗、吸收、散射损耗等。基横模选择的实质是使 TEM_{00} 模达到振荡条件，而使高阶横模的振荡受到抑制。因此，只需控制各高阶模式的衍射损耗，即可达到选取横模的目的。一般只要能抑制比基横模高一阶的 TEM_{10} 模和 TEM_{01} 模振荡，也就能抑制其他高阶模的振荡。

由于衍射效应形成的光能量损失称为衍射损耗。激光器中反射镜镜面半径越大，衍射损耗越小。在实际激光器中，反射镜面常常是足够大的，对光束的限制来自于增益介质的孔径，例如，氦氖激光器的充氦氖气体的毛细管的半径，红宝石激光器的红宝石棒的半径。镜面上光斑尺寸越小，衍射损耗也越小。如图 4-1 所示，横模阶次越高则光斑尺寸越大。因此在镜面尺寸一定的情况下，越高阶的横模，其衍射损耗越大，只有基横模的衍射损耗最小。在分析衍射损耗时为了方便，经常引入“菲涅尔数”来进行衡量，它定义为

$$N = \frac{a^2}{\lambda L} \tag{4-1}$$

式中，a 为镜面半径。单程基横模衍射损耗可以表示为“菲涅尔数”一个参量的函数，即

$$\delta_{\mathrm{D}} = \exp(-2\pi N) \tag{4-2}$$

菲涅尔数越大，单程衍射损耗越小。菲涅尔数是表征谐振腔衍射损耗的特征参量。图 4-2 给出了圆截面共焦腔和圆截面平行平面腔的衍射损耗 δ_{D} -菲涅尔数 N 曲线。由该曲线可以看出，N 越大，δ_{D} 越小；在同样的 N 的情况下，横模序数越高，δ_{D} 越大；在同样的 N 和同样的横模序数下，共焦腔的 δ_{D} 比平行平面腔的 δ_{D} 小得多。最后一点是因为凹面镜的会聚作用

使光能更集中于腔中心的缘故。可采用不同的激光谐振腔的腔型，改变腔体的参数 g、N，可以选出基模。但基模的输出功率（或能量）却会因腔型的不同和 g、N 参数的不同而不同，因此为了获得大的功率输出，在设计谐振腔时，还应考虑基模模体积的问题。实际上有时也利用增加腔长 L 以减小菲涅尔数 N，即以加大模损耗差来提高选模性能，这主要用于固体激光器和外腔式的气体激光器中。

（3）光阑法选取单横模

如图 4-3 所示，利用小孔光阑来选取基横模，是一种简便有效从而也是最普遍的方法。它的基本做法是在谐振腔内插入一个适当大小的小孔光阑。

基模具有最小的光束半径，其他的高阶模光束半径则依次增大。如果用一个光阑，其半径和基模光束半径相当，那么基模就可较顺利通过。对高阶模，由于被阻挡的部分多，就不能顺利通过，从而达到选模的目的。对于气体激光器，尤其像 He-Ne 激光器这种利用毛细管结构的，可以适当地选取毛细管的管径来代替光阑，这种做法已取得非常有效的选模效果。对于其他一些激光器，比如固体激光器，激光棒不可能做得太细，故还需在谐振腔内另外设置光阑。

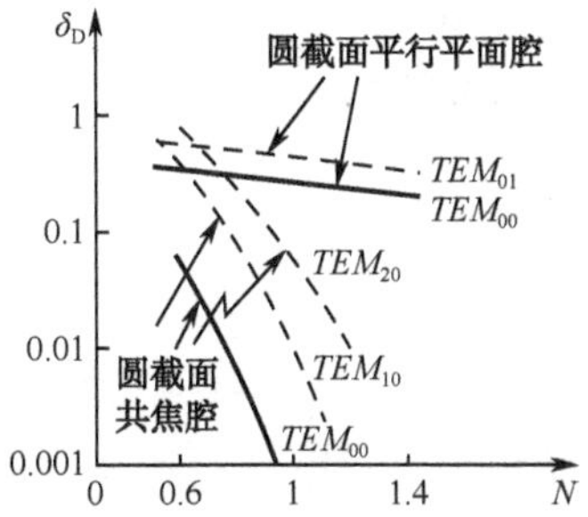

图 4-2　不同类型腔体的衍射损耗曲线

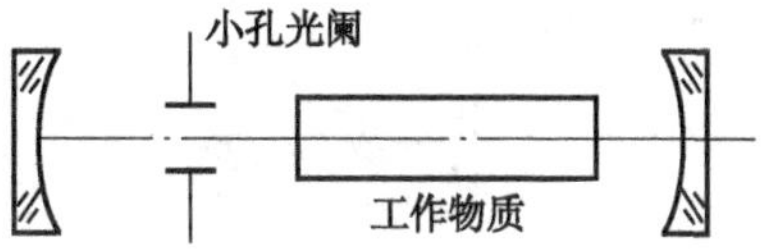

图 4-3　小孔光阑选模法

小孔光阑的半径 r_0 可以取放置小孔光阑处的光束有效截面半径 $w(z)$，即可使基模光束“顺利”通过，而高阶横模将被抑制。在实际应用中，r_0 要比 $w(z)$ 略大一些，因为光阑小就会影响输出功率和增大光束发散角，这对于许多应用都是不利的。

光阑法选模虽然结构简单、调整方便，但受小孔限制，工作物质的体积不能得到充分利用，输出的激光功率比较小，腔内功率密度高时，小孔易损坏。

（4）聚焦光阑法选横模

为了充分利用激光工作物质，在谐振腔内插入透镜或透镜组配合小孔光阑进行选模，光阑放在透镜的焦点上，这样光束在腔内传播时可经历较大的空间，以提高输出功率。图 4-4 是这种装置的基本类型。

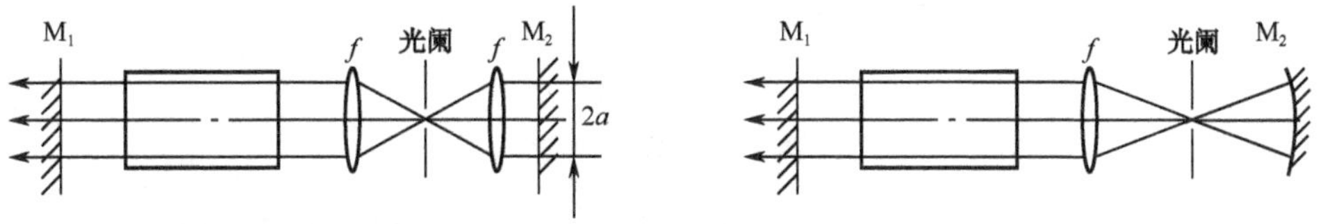

（a）透镜组聚焦光阑选模　　（b）单透镜聚焦光阑选模

图 4-4　聚焦光阑法

由图 4-4（a）所示，在腔内加上两个共焦透镜，光束经聚焦后，再通过一个小孔光阑。

谐振腔采用平行平面腔，只有那些沿轴向行进的平行光束，经聚焦后才能通过小孔往返振荡。在其他方向上的光束，聚焦后则被小孔阻截。这种装置既保持了小孔光阑的选模特性，又提高了激活介质的利用率，增大了激光输出功率。但光阑依然处于实际光束相交位置，小孔光阑容易损伤。

（5）腔内望远镜法选横模

在腔内插入透镜和光阑选模的基础上又发展了一种腔内加望远镜的方法，其结构如图 4-5 所示。腔内插入一组由凹、凸透镜构成的望远镜，光阑放在凹透镜的左边。可以看出，由于避免了实焦点，对光阑材料的要求便有所降低。由于望远镜的扩束作用，光束通过激光工作物质时模体积可以扩大 M^2 倍（M 为望远镜的角放大率），由于望远镜目镜的焦距很短，故对光束有很强的聚焦（或发散）作用，致使各阶模的发散角扩大 M 倍，而基模的发散角最小，若选光阑的孔径与基模光斑相比拟时，则高阶模就会受到光阑的阻挡而损耗掉，只有基模能够保留下来。则凹透镜的位置可以相对于凸透镜进行调节，当选择合适的离焦量时，可以补偿激光棒的热透镜效应，而获得热稳输出的基模激光。

腔内望远镜法有三方面优点：

① 能充分利用激光工作物质，获得较大功率的基模输出。

② 可通过调节望远镜的离焦量得到热稳定性很好的激光输出。

③ 输出光斑大小适当，不致损伤光学元件。

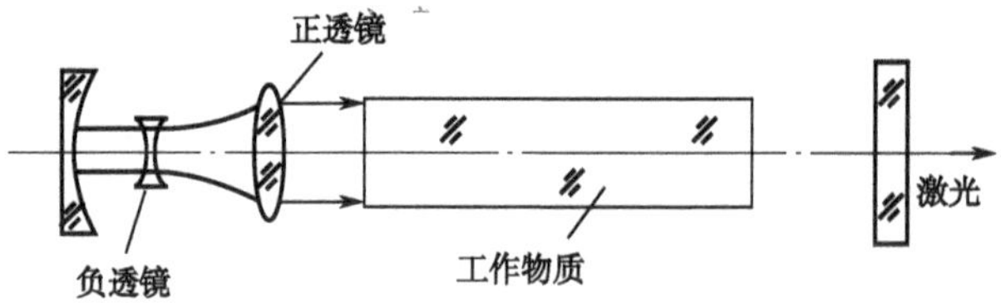

图 4-5　望远镜选模示意图

还有一种称为“猫眼谐振腔”的选模方法，实际上也是小孔光阑选模的一种形式，其结构如图 4-6 所示。其中 M_1、M_2 都是平面反射镜，腔内放置一个透镜，其焦距为 f，腔长为 $2f$，这种腔结构在几何光路上等价于一个共焦腔。实验表明，当 M_2 处的光阑闭合时模体积能充满整个激光工作物质，在这种情况下，模的选择性基本上是接近于共焦腔的。这样不仅减小了发散角而且也增加了输出功率。

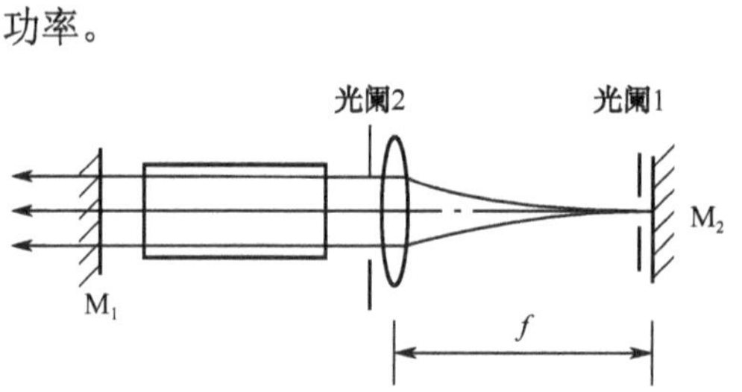

图 4-6　猫眼腔选模

选取横模还有许多方法，如凹凸腔选模、腔内加临界角反射器选模、利用调 Q 选模等，这里不再赘述。

4.1.2 激光单纵模的选取

激光器中某一个纵模能否起振和维持振荡主要取决于这一个纵模的增益与损耗值的相对大小，因此，控制这两个参数之一，使谐振腔中可能存在的纵模中只有一个满足振荡的条件，那么激光器即可以实现单纵模运转。对于同一个横模的不同纵模而言，其损耗是相同的，但是不同纵模间却存在着增益差异，因此，利用不同纵模之间的增益差异，在腔内引入一定的选择性损耗（如插入标准具），使欲选的纵模损耗最小，而其余纵模的附加损耗较大，即增大各纵模净增益差异，只有中心频率附近的少数增益大的纵模建立起振荡。这样在激光形成的过程中，通过多纵模间的模式竞争机制，最终形成并得到放大的是增益最大的中心频率所对应的单纵模。

（1）均匀增宽型谱线的纵模竞争

对于均匀增宽型的介质来说，每个发光粒子对形成整个光谱线型都有相同的贡献。当强度很大的光通过均匀增宽型增益介质时，由于受激辐射，使粒子数密度反转分布值下降，于是光增益系数也相应下降，但是光谱的线型并不会改变。其结果是增益曲线按同一比例降低，线宽和频率分布都不发生变化，如图4-7所示。

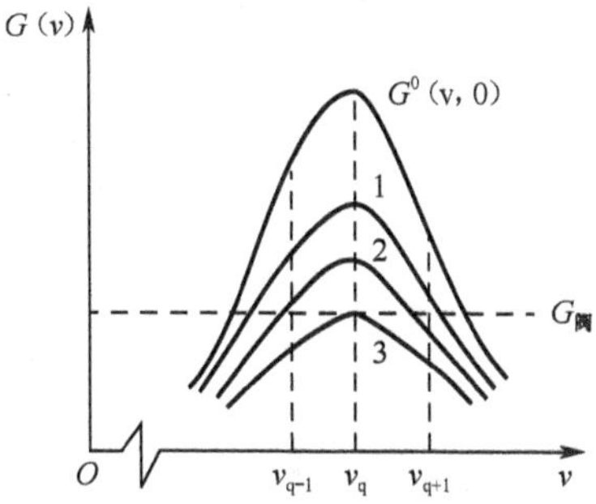

图4-7 均匀增宽型谱线纵模竞争

当谐振腔的长度足够大，使得有多个纵模落在均匀增宽的谱线范围内，且每个纵模所对应的小信号增益$G^0(\nu)$都大于增益阈值$G_{阈}$时，这些纵横都有可能在腔内形成振荡。不失一般性。在图4-7中，假设只有$q-1$，q，$q+1$三个纵模满足振荡条件，这三个纵模的光均有增益，光强都在增加，随着光强的增加，整个增益曲线由小信号增益曲线$G^0(\nu)$开始逐渐下降。当降到曲线1时，对$q+1$模来说，增益已经变得比$G_{阈}$低了。这样，它往返一次光的增益小于损耗，使振荡越来越弱，直到最后被抑制掉。但此时，对q和$q-1$模来说，增益仍大于$G_{阈}$，故腔内光强仍继续增加，使增益曲线继续下降。当下降到曲线2时，$q-1$模也被抑制掉，只有q模的光强继续增长，最后变为曲线3的情形。若此时的光强为I_q，则有

$$G(\nu_q, I_q) = G_{阈} \tag{4-3}$$

于是，振荡达到稳定（振荡一次增益等于损耗，使q纵模的光强I_q保持不变），使激光器内部只剩下q纵模的振荡。这种通过增益的饱和效应，使某个纵模逐渐把别的纵模的振荡抑制下去，最后只剩下该纵模的振荡的现象叫做“纵模的竞争”。

由上面的分析可以看到，纵模竞争的结果总是最靠近谱线中心频率的那个纵模被保持下来，所以，一般说来，均匀增宽的稳定激光器的输出常常是单纵模的，而且它们的频率总是在谱线中心附近。

在均匀增宽激光器中，当受激辐射比较强时，也可能有比较弱的其他纵模出现，其原因可以这样解释：当腔内形成纵模为q的强激光振荡时，在激光器腔内，形成的是一个驻波场，所以腔内光强并不均匀。在波腹处光强最强，在波节处光强最弱。这就使得在整个腔长范围内各点的增益也不相同，只是平均增益等于$G_{阈}$，而在波节处增益就比较高。由于其他纵模的波节和波腹与q纵模的波节和波腹并不重合，所以这些纵模就可以在q纵模的波节处得到较高的增益，而形成较q纵模弱的振荡。这就是均匀增宽谱线的稳定激光器中，在激光较强时，

也可能出现少数几个弱的其他纵模的振荡的原因。这种现象称为模式的“空间竞争”。

对非均匀增宽型介质来说，某一种纵模的光强增强时，增益的饱和并不引起整个增益曲线下降，而是在该纵模对应的频率处形成一个凹陷（即“烧孔”效应）。如果一个非均匀增宽激光器有多个纵模的小信号增益系数都大于阈值的话，那么这些纵模就都可以建立自己的振荡，所以，非均匀增宽激光器的输出一般都具有多个纵模。

要提高光束的单色性和相干长度（如在干涉测长仪中就要求良好的单色性），就需要使激光器工作在单一纵模下（一般是基横模）。但是，许多非均匀增宽的气体激光器往往有几个纵模同时振荡，因此，要设计单纵模激光器，就必须采取选频的措施。常用的选频方法有如下几种。

（2）短腔法

据前面的谐振腔原理可知，两相邻纵模间的频率差 $\Delta\nu_q = \dfrac{c}{2\mu L}$，因此，纵模频率间隔和谐振腔的腔长是成反比的。要想得到单一纵模的输出，只要缩短腔长，使 $\Delta\nu_q$ 的宽度大于增益曲线阈值以上所对应的宽度即可。例如在 He-Ne 激光器中，其荧光谱线 $\Delta\nu_F$ 约为 1500MHz。若激光器腔长为 10cm，则纵模间隔 $\Delta\nu_q$ 为 1500MHz。因此，对 He-Ne 激光器，只要做到腔长小于 10cm，就会得到单纵模的输出。

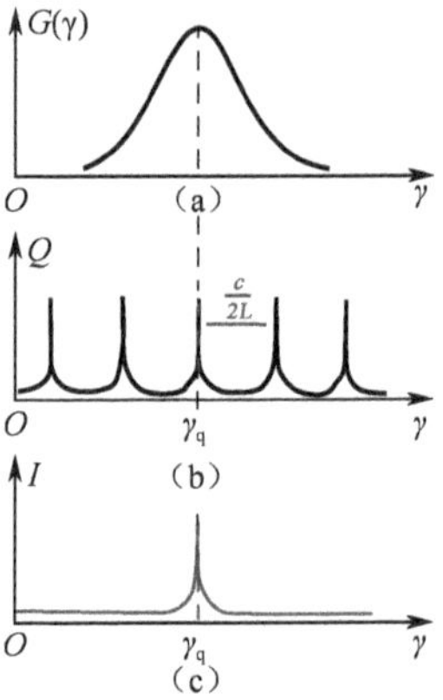

图 4-8　短腔法选单纵模

短腔法虽然简单，但是也有致命的缺点。首先，由于腔长受到限制，激活介质的工作长度也相应受到限制，激光的输出功率必然受到限制。这对于那些需要大功率单纵模输出的应用场合是不适合的。其二，有些激光输出谱线荧光宽度很宽，若要加大到足够的纵模间宽度，势必要使腔长缩到很短，以致难于实现粒子数反转而不能输出激光。如 YAG 激光器谱线的荧光宽度约为 200000MHz，这就要求单纵模振荡的腔长只有 4mm。显然，采用这种短腔法获得单纵模的方法是不适用的。

（3）法布里-珀罗（F-P）标准具法

如图 4-9 所示，这种方法就是在外腔激光器的谐振腔内，沿几乎垂直于腔轴方向插入一个法布里-珀罗标准具。这种标准具是用透射率很高的材料制成的，两个端面研磨得高度平行，且镀有高反射率的反射膜。这种反射膜由于多光束干涉的结果，对于满足条件：

$$\nu_m = \frac{mc}{2d\sqrt{\mu'^2 - \mu^2 \sin^2\varphi}} \tag{4-4}$$

的光具有极高的透射率。条件式（4-4）中，c 是真空中的光速，μ 是腔外气体介质的折射率，μ' 是标准具材料的折射率，m 是正整数，d 是标准具的厚度，φ 是标准具侧面法线与谐振腔轴线之间的夹角，它十分小。把这样的标准具插入到激光器的腔内时，就可以起到选频的作用。因为这时产生激光振荡的频率，不仅需要符合谐振条件，还需要对标准具有最大的透射率。由条件式（4-4）看出，能获得最大透射率的两个相邻的频率之间的间隔应为

$$\Delta\nu_m = \frac{c}{2d\sqrt{\mu'^2 - \mu^2 \sin^2\varphi}} \tag{4-5}$$

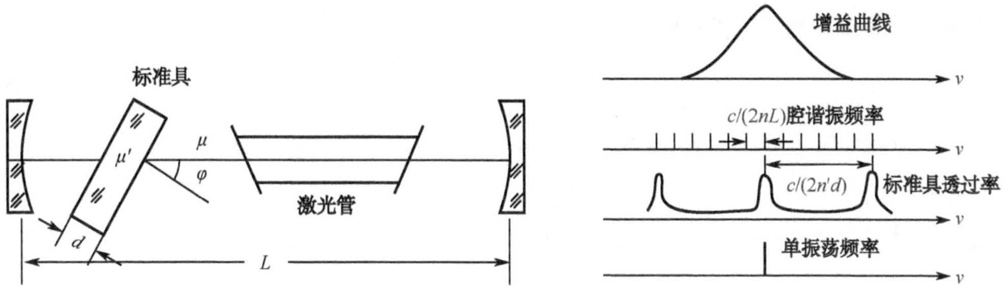

图 4-9　标准具法选纵模

而谐振腔的纵模频率间隔为$\Delta\nu_{纵}=\dfrac{c}{2\mu L}$，比较$\Delta\nu_m$和$\Delta\nu_{纵}$可得知，当选择$d \ll L$时（$L$是腔长），就可以使$\Delta\nu_m$远大于$\Delta\nu_{纵}$，从而使得在整个谱线宽度内只有一个$\nu_m$具有最大透射率。如果再适当地调整$\varphi$，就可以使得具有最大透射率的$\nu_m$正好等于激光器的多个纵模中的某个纵模$q$所对应的频率$\nu_q$。这样就只有纵模$q$对标准具有较高的透射率而形成振荡，其他的纵模都因为对标准具的透射率很低（相当于损耗很大）而不能形成振荡，达到选模的目的。

由于高选模性的标准具总要带来百分之几的透射损失，因此这种方法对于低增益的激光器（如 He-Ne 激光器）不大合适，但对于高增益的激光器（如 CO_2 激光器）则是十分有效的。

F-P 标准具选纵模的优点在于标准具平行平面板间的厚度可以做得很薄，因而对增益线宽很宽的激光工作物质，如 Ar^+ 、YAG、红宝石等激光器均能获得单纵模振荡，且由于腔长没有缩短，输出功率仍可很大。

气体激光器的荧光线宽一般比较窄，用标准具法选纵模时，只要一个标准具就可以实现；但是对于固体激光器，由于荧光线宽很宽，只用一个标准具往往难以实现，原因是 F 受工艺因素的限制不可能有很大的数值；当激光器纵模密度较大时，标准具的自由光谱区太大，它的带宽也就比较宽，因而就难以保证单纵模振荡，可以使用第二个标准具才能获得单纵模。

（4）三反射镜法

这种方法又叫做复合腔选模法，其装置如图 4-10 所示。激光器一端的反射镜被三块反射镜的组合所代替，其中镜M_3与M_4为全反射镜，M_2是具有适当透射率的部分透射部分反射镜，这个组合相当于两个谐振腔的耦合，一个谐振腔由M_1与M_3组成，其腔长为 L_1+L_2；另一个谐振腔由M_3与M_4组成，其腔长是 L_2+L_3。如果 L_2、L_3 较短，就形成了一个短谐振腔和一个长谐振腔的耦合。短谐振腔的纵模频率间隔是

$$\Delta\nu_{短}=\frac{c}{2\mu(L_2+L_3)} \tag{4-6}$$

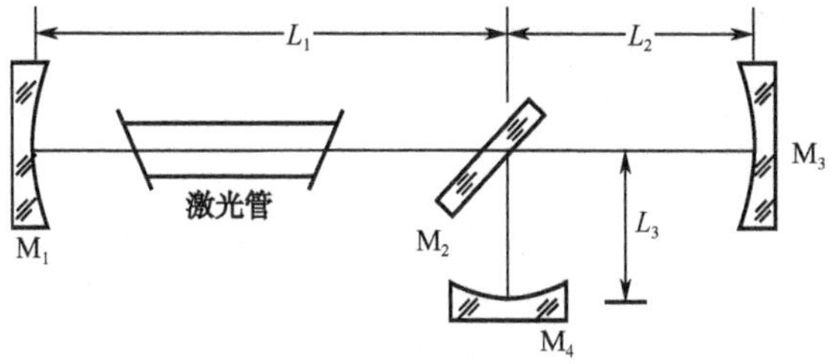

图 4-10　三反射镜法选纵模

长谐振腔的纵模频率间隔是

$$\Delta \nu_{长} = \frac{c}{2\mu(L_1 + L_2)} \tag{4-7}$$

只有同时满足上面两个谐振条件的光才能形成振荡，故只要选取 L_2+L_3 足够小，就可以获得单纵横输出。

其他还有单反射表面腔法、行波腔选模法、晶体双折射选模法、吸收介质选模技术等。

任务 4.2 激光稳频技术

激光器通过选模得到单模振荡后，由于内部或外部条件的变化，谐振频率仍然会在整个增益曲线范围内波动，从而使输出频率变化，这种现象称为频率漂移。显然，频率漂移对于激光在精密干涉计量、激光陀螺、光频标和光通信等领域内的应用是非常不利的。稳频技术的目的就是设法控制影响频率漂移的各种因素，使其对频率干扰减小到最低程度，从而提高激光频率的稳定性。

频率的稳定性包括两个方面：一是频率稳定度；二是频率复现性。前者指激光器在一次连续工作时间内的频率漂移 $\Delta\nu$ 与振荡频率 ν 之比。频率稳定度又分为观测取样时间小于 1s 的短期稳定度和大于 1s（通常达到数分钟乃至几小时）的长期稳定度。频率复现性是激光器在不同地点、时间、环境下使用时频率的相对变化量。复现性可以是同一台激光器产生的，也可以是相同设计生产的不同激光器之间的，甚至是用相同能级跃迁、不同设计所制成的激光器在不同条件下输出光频率之间的偏差。频率复现性的提高对于长度计量的基准的统一和精度的提高有极重要的意义。

根据实际需要的不同，对稳定度和再现度的要求不同，目前稳定度较高的可达 10^{-11}～10^{-13}。再现度不容易达到稳定度那样高，一般在 10^{-7} 左右，最高可达 10^{-10}～10^{-11}。对精密激光设备，再现度是一个相当重要的指标。激光器中，气体激光的单色性最好。激光稳频一般是对气体激光器而言的。本节以氦氖激光器为主介绍稳频技术，很多方法对其他激光器也是适用的。

4.2.1 影响频率稳定的因素

工作在可见光区和近红外区的气体激光器频率的稳定性主要取决于谐振腔振荡频率的稳定性。对共焦腔的 TEM_{00q} 模来说，谐振频率的公式可以简化为

$$\nu = q\frac{c}{2\mu L} \tag{4-8}$$

式中，c 是真空中的光速，q 是选频的纵模序数，它们都是不变的；而腔长 L 和气体介质的平均折射率 μ 可以因工作条件的变化而改变，进而引起频率的不稳定。当 L 的变化为 ΔL，μ 的变化为 $\Delta\mu$ 时，引起的频率相对变化为

$$\frac{\Delta\nu}{\nu} = -\left(\frac{\Delta L}{L} + \frac{\Delta\mu}{\mu}\right) \tag{4-9}$$

式中，负号表示 ν 的变化趋势和 L、μ 的变化趋势相反。式（4-9）说明，频率的相对变化来自腔长 L 和平均折射率 μ 受外界条件的扰动发生的变化。

（1）腔长L变化的影响

影响腔长L变化的因素很多，主要是温度的波动、机械振动，声波以及重力影响等也会引起腔长的短期和长期的不稳定。

气体激光器谐振腔的构成有两种类型：一种是将腔的反射镜片直接贴在激光谐振腔的两端；另一种则是固定在特制的金属镜架上。这两种结构不论哪一种，都会因热膨胀或机械变形而改变腔长。温度变化ΔT引起L的变化可以表示为$\Delta L = \alpha L \Delta T$，因而有$\frac{\Delta \nu}{\nu} = -\frac{\Delta L}{L} = -\alpha \Delta T$。硬质玻璃的热膨胀系数$\alpha = 4\times10^{-6}$/度，温度变化 1 度，频率相对漂移为$4\times10^{-6}$。低膨胀系数的物质如石英，$\alpha = 5\times10^{-7}$/度，殷钢$\alpha = 9\times10^{-7}$/度。用这些物质做成激光管或谐振腔支架，温度变化 1 度，频率稳定度也在10^{-7}数量级。在这种结构下，要达到10^{-8}的稳频要求，则温度变化必须稳定在 0.01 度以内。

外界传入的机械振动也会引起腔长的变化。对于 10cm 长的激光管，外界振动只要引起腔长达10^{-3}μm 的变化，频率漂移也可达到10^{-8}的量级。为了消除引起上述频率不稳定的振动的干扰，应采取减振措施，一种简单的方法是在工作台下垫一个充气的汽车内胎，这样可以有效地消除高频振动。

由上述讨论可以看到，用限制腔长变化来达到稳频的目的，要求条件是很苛刻的。

（2）折射率变化的影响

气体折射率受到气压、温度和湿度变化的影响会产生较大的变化，从而对频率稳定性造成影响。对于内腔式激光器来讲，谐振腔封闭在放电管内，气压、温度和湿度的变化对工作物质折射率的影响很小，可以忽略。对于那些外腔式或半外腔式的激光器，由于谐振腔中部分与大气连通，这部分的折射率受气压、温度和湿度的影响较大。这些原因折合成对频率稳定度的影响，可由下面公式计算：

$$\frac{\Delta \nu}{\nu} = -\frac{L - L_0}{L}(\beta_{\mathrm{T}}\Delta T + \beta_{\mathrm{P}}\Delta P + \beta_{\mathrm{H}}\Delta H) \tag{4-10}$$

式中，$L - L_0$为腔中暴露在大气里的长度；ΔP为以 Pa 为单位的大气压变化量；ΔH为水蒸汽分压的变化量，也是以 Pa 为单位的；ΔT为温度的变化量，以度为单位。$\beta_{\mathrm{T}} = \frac{1}{\mu}\left(\frac{\partial \mu}{\partial T}\right)_{\mathrm{P,H}}$称为折射率的温度系数，物理意义是气压和湿度不变条件下单位温度变化引起的折射率变化；β_{P}、β_{H}也有类似意义，这里不再赘述。

例如，在T=20℃，P=1.01×105Pa，H=1.133kPa 的情况下，大气对 633nm 波长光的折射率变化系数β_{T}、β_{P}和β_{H}分别为-9.3×10^{-7}/℃、5×10^{-5}/Pa 和-8×10^{-6}/Pa。当$\frac{L - L_0}{L}$=0.1，而ΔT = 1℃，$\Delta P = \Delta H = 0$时，有$\frac{\Delta \nu}{\nu} \approx 10^{-7}$。

空气的流动会使T、P、H发生快速的脉动变化，因此对非内腔激光器来说，应尽量减少暴露于大气的部分，以使$\frac{L - L_0}{L}$尽量小，同时还要屏蔽通风，以减小T、P、H的脉动。

除以上所说的外部因素以外，激光器某些内部因素如放电条件（工作气体的总压强、成分、放电电流等）的变化也对频率有影响，由于这些因素或者可以控制（如放电电流），或者变化不大（如气体总压强），这里不再做具体讨论。

4.2.2 稳频方法概述

稳频方法可分为两类。

（1）被动式稳频

此方法为利用热膨胀系数低的材料制作谐振腔的间隔器；或用膨胀系数为负值的材料和膨胀系数为正值的材料按一定长度配合，以使热膨胀互相抵消，实现稳频。这种办法一般用于工程上稳频精度要求不高的情况。当然在精密控温的实验室内，再加上极好的声热隔离装置也可以达到很高的稳定度。例如，在几十毫秒内输出波长为6328Å的氦氖激光器，频率变化可达到小于20Hz，短期稳定度达到10^{-13}。

（2）主动式稳频

目前采用的主动稳频方法基本原理大体相同，即把单频激光器的频率与某个稳定的参考频率相比较，当振荡频率偏离参考频率时，鉴别器就产生一个正比于偏离量的误差信号。这个误差信号经放大后又通过反馈系统返回来控制腔长，使振荡频率回到标准的参考频率上，实现稳频。

依据选择参考频率的方法的不同，这种稳频方法又可分为两类。一类是把激光器中原子跃迁的中心频率作为参考频率，把激光频率锁定到跃迁的中心频率上。属于这类方法的有兰姆凹陷法、塞曼效应法、功率最大值法等。这类方法简便易行，可以得到10^{-9}的稳定度，能够满足一般精密测量的需要，但是复现度不高，只有10^{-7}。另一类方法是把振荡频率锁定在外界的参考频率上，例如用分子或原子的吸收线作为参考频率，这是目前水平最高的一种稳频方法。选取的吸收物质的吸收频率必须与激光频率相重合。例如，目前已发现碘分子（I_2^{127}，I_2^{129}）对于He-Ne激光器的6328Å谱线附近有强烈的吸收，甲烷（CH4）分子对于He-Ne激光器的3.39μm谱线附近有强烈的吸收。这种稳频方法较为复杂，但可以得到较高的稳定度和复现度（均可在10^{-11}以上，有的甚至短期稳定度高达5×10^{-15}、复现度达3×10^{-14}）。

4.2.3 常见的稳频方法

（1）兰姆凹陷法稳频

兰姆凹陷法是利用激光器本身的原子跃迁中心频率作参考频率进行稳频的。

He-Ne激光器的谱线主要是非均匀增宽型。非均匀增宽型的输出功率P随频率ν的变化曲线是钟形的，但是在中心频率$\nu=\nu_0$处出现一个凹陷，这就是兰姆凹陷。由于兰姆凹陷的宽度远较谱线的宽度窄（前者与后者的比值约为10^{-2}），而凹陷的中心频率即为谱线的中心频率ν_0，所以在ν_0附近频率的微小变化将会引起输出功率的显著变化。因此，可以通过输出光强的监测，设计出灵敏的腔长自动补偿的伺服系统，以使得激光频率精确地稳定在谱线中心ν_0附近，这种稳频激光器的基本结构如图4-11所示。在反射镜和支架之间加上一块压电陶瓷，压电陶瓷接到稳频器上，稳频器按实际情况正确地给出调整电压，该电压加到压电陶瓷内外表面上使其伸缩，从而自动调节腔长以达到稳频的目的。一般的压电陶瓷（例如锆钛酸铅）的压电伸缩系数约为10^{-7}/V。为了减小伺服电路输出调整电压的幅度，以便减小电路的负担，同时也为了尽量缩短开机后热平衡的时间，在支架和压电陶瓷之间还要考虑热膨胀的补偿问题。

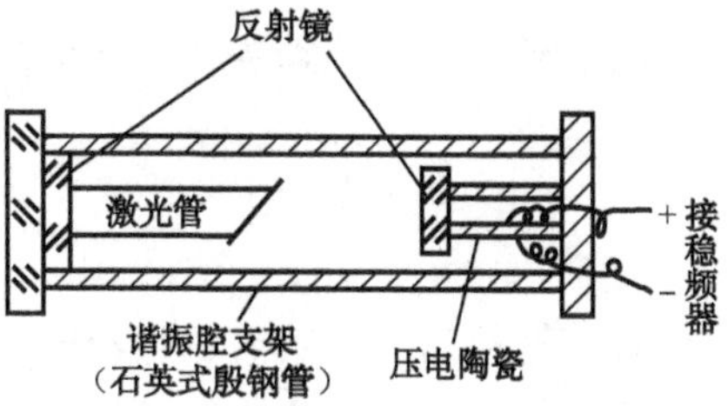

图 4-11 兰姆凹陷法稳频实验装置简图

（2）饱和吸收法稳频

兰姆凹陷法稳频采用的参考频率是激光器原子谱线本身的中心频率，但是由于这个中心频率不可避免地会出现漂移，所以频率复现度不高。为了克服这种缺点，在兰姆凹陷法稳频的基础上又发展了一种利用外界频率标准进行高精度稳频的方法，这就是“饱和吸收法”。

饱和吸收法稳频的示意装置如图 4-12 所示。这种装置在激光谐振腔中除了激光管外，还加了一个吸收管。在吸收管内充以特定的气体，此气体在激光谐振频率处应有一个强的吸收线。例如对氦氖激光器的 0.6328μm 波长来说，充氖气或碘蒸汽；对 3.39μm 波长，则充甲烷气体。吸收管内所充气体的气压很低，一般只有 10^{-2}～10^{-1}Pa，所以受气压及放电条件变化的影响很小，故吸收线的中心频率很稳定。

与激光输出功率曲线的兰姆凹陷相似，在吸收介质的吸收曲线上也有一个吸收凹陷，如图 4-13 所示。吸收凹陷产生的原因和兰姆凹陷产生的原因是类似的，对于非均匀增宽谱线线型的介质来说，在吸收谱线的中心频率 ν_0 处，只有那些沿激光管轴（z 轴）方向的速度 $\upsilon_z = 0$ 的原子才能吸收光子，而在偏离中心频率 ν_0 的某个频率 ν（$\nu \neq \nu_0$）处，则可以有 $\upsilon_z = \pm\dfrac{\nu - \nu_0}{\nu_0}c$ 的两部分原子参与吸收，所以，在中心频率 ν_0 处的吸收系数变小，从而出现凹陷，这种在入射光增强的情况下吸收系数变小的现象称为“饱和吸收”。

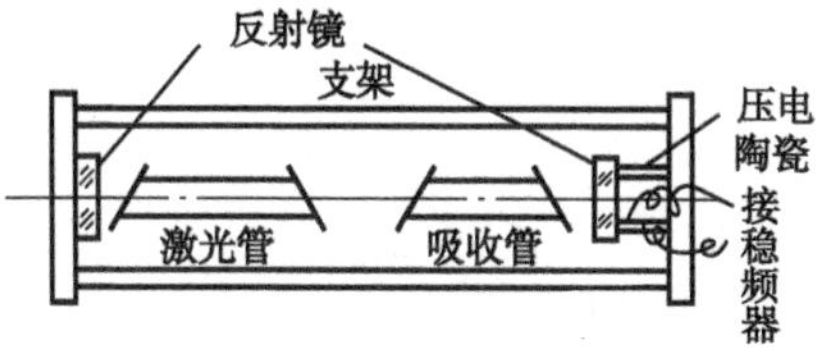

图 4-12 饱和吸收法稳频的示意装置

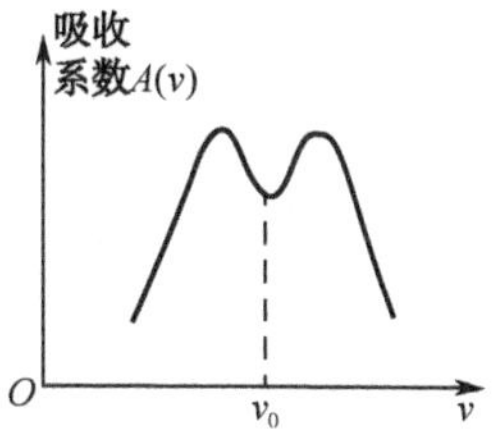

图 4-13 吸收介质的吸收曲线

任务 4.3 激光调制技术

激光调制就是利用激光作为载波进行调制的过程。激光具有极好的时间相干性和空间相干性，它与无线电波相似，易于调制，且光波的频率极高，能传递信息的容量很大。加之激光束发散角小，光能高度集中，既能传输较远距离，又易于保密，因此广泛应用于光通信、光信息处理、光学测量等领域。光纤通信就是在发送端将要把传送的信息（如话音）变成电信号，然后调制到激光器发出的激光束上，使光的强度随电信号的幅度（频率）变化而变化，并通过光纤发送出去；在接收端，检测器收到光信号后把它变换成电信号，经解调后恢复原信息。因此用激光作为信息技术的工具，首先要解决如何将信息加载到激光束上去的技术问题，这一过程称为激光调制。

4.3.1 调制的基本概念

把激光作为载波携带低频信号，把信息加到载波的过程即调制。利用调制信号去改变载波的某一参数，使其参数按调制信号的规律发生变化的过程为激光调制。尽管激光调制和频率较低的无线电调制常用的原理和设备不同，但就调制的方法来讲，常见的有振幅调制、强度调制、频率调制、相位调制及脉冲调制等形式。

（1）调制的两个要素

调制信号：需要调制的信息需转化为电信号，即调制信号。

载波：传递信息附加的载体。载波一般用无线电波、光波等，需要频率较高，而且频率固定。采用激光作为载波是由于激光单色性好，激光发散角小，具有较好的时间相干性和空间相干性。

（2）调制的类型

激光调制可分为内调制和外调制两类。本节介绍的主要是外调制。内调制是指在激光形成过程中，以调制信号的规律去改变激光振荡的某一参数，即用调制信号控制着激光的形成，如图 4-14 所示。这种方法调制效率高，但由于调制器放在腔内，等于增加腔内的损耗，降低了输出功率，调制器带宽受到谐振腔通带的限制。外调制是指把调制器放在激光器的外面，如图 4-15 所示。这种方法的优点是由于调制器和激光形成无关，不影响激光器的输出功率，且调制器的带宽不受谐振腔通带的限制，但这种方法的调制效率低。

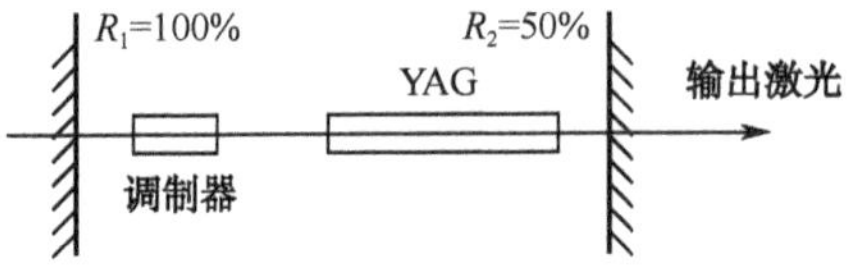

图 4-14 激光内调制

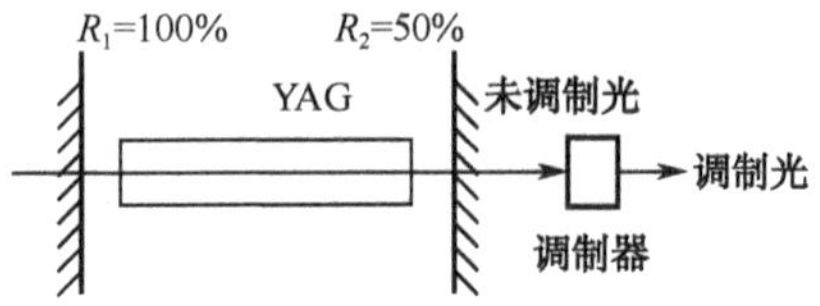

图 4-15 激光外调制

（3）激光调制的方法

如图 4-16 所示，激光的瞬时光场的表达式为

$$E(t) = E_0 \cos(\omega_0 t + \varphi)$$

瞬时光的强度为

$$I(t) \propto E^2(t) = E_0^{\ 2} \cos^2(\omega_0 t + \varphi)$$

如图 4-17（a）所示，调制信号是正弦信号 $a(t) = A_{\mathrm{m}} \cos \omega_{\mathrm{m}} t$ 。

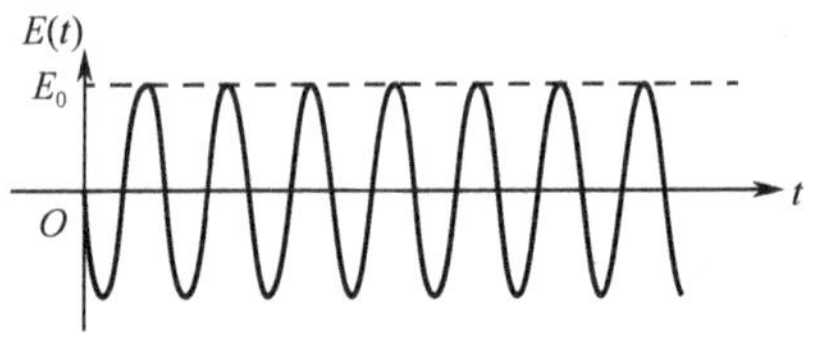

图 4-16 激光未被调制前的波形

① 激光幅度调制。以调制信号去改变激光的振幅，使其振幅按调制信号的规律变化，如图 4-17（b）所示。激光幅度调制的表达式为 $E(t) = E_0(1 + M \cos \omega_{\mathrm{m}} t)\cos(\omega_0 t + \varphi)$ 。M 为调幅

系数，激光幅度调制中要求 $M\leqslant 1$，如果 $M>1$，则调制过程中会产生畸变，如图 4-18 所示。

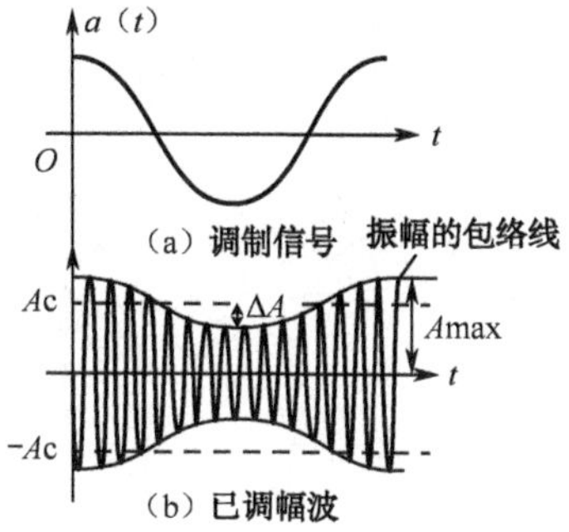

图 4-17 激光幅度调制示意图

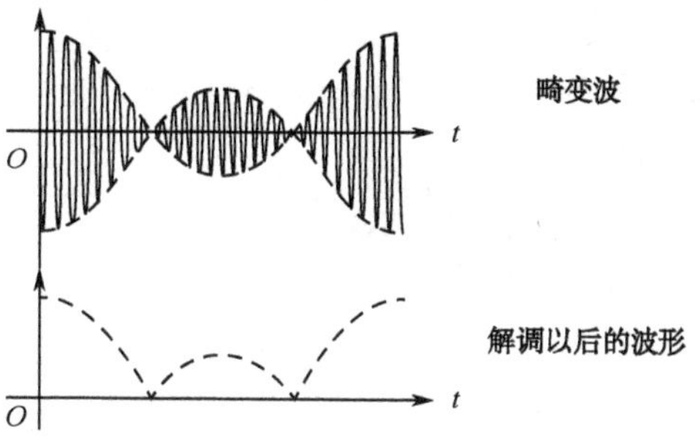

图 4-18 激光调制产生畸变

② 激光强度调制。以调制信号去改变激光的光强，使光强按着调制信号的规律变化的过程，如图 4-19 所示。激光强度调制的表达式为

$$I(t)=\frac{E_0^2}{2}(1+M_{\mathrm{I}}\cos\omega_{\mathrm{m}}t)\cos^2(\omega_0 t+\varphi) \qquad （M_{\mathrm{I}}为强度调制系数，M_{\mathrm{I}}\leqslant 1）$$

③ 激光相位调制和频率调制（调相和调频）。以调制信号去改变激光振荡的相位（频率），使激光的相位（频率）按调制信号的规律变化的过程称相位（频率）调制，如图 4-20 所示。激光频率调制的表达式为

$$E_{\mathrm{F}}(t)=E_0\cos(\omega_0 t+M_{\mathrm{F}}\sin\omega_{\mathrm{m}}t+\varphi)$$

激光相位调制的表达式为

$$E_{\mathrm{P}}(t)=E_0\cos(\omega_0 t+M_{\mathrm{P}}\sin\omega_{\mathrm{m}}t+\varphi) \qquad （M_{\mathrm{F}}和M_{\mathrm{P}}分别是调频系数和调相系数）$$

调频和调相以后使总相位 $\psi(t)$ 变化，即按调制信号的规律变化，因此两者可归为一类。两者的差别是实现方法不同。

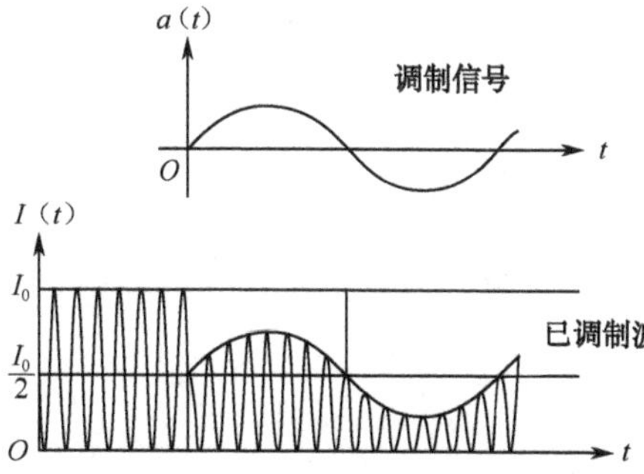

图 4-19 激光强度调制

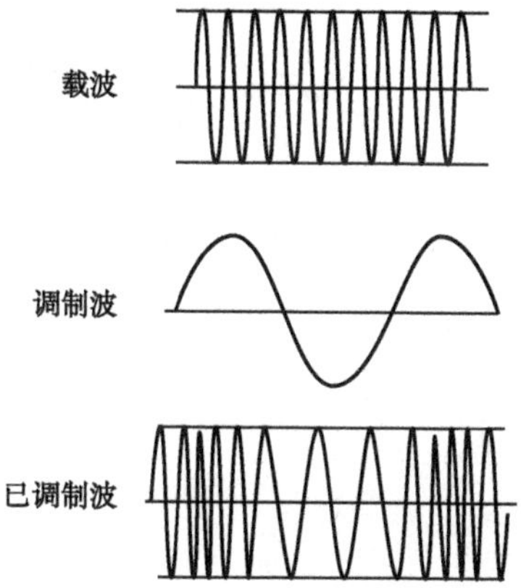

图 4-20 激光频率调制

4.3.2 电光强度调制

电光调制器的理论基础是晶体的电光效应。在电光晶体中沿某一方向加一定电压，则电光晶体的折射率要发生相应的改变，因而晶体的双折射特性也要改变。利用晶体的电光效应，根据偏振光的干涉原理来实现强度调制。利用调制信号控制加在晶体上的电压改变晶体折射

率，则输出光的光强受到调制。

（1）电光强度调制的装置组成

激光电光强度装置由两块交叉偏振片及其间放置的一块单轴电光晶体组成，如图 4-21 所示。偏振片的通振动方向分别与 x、y 轴平行。

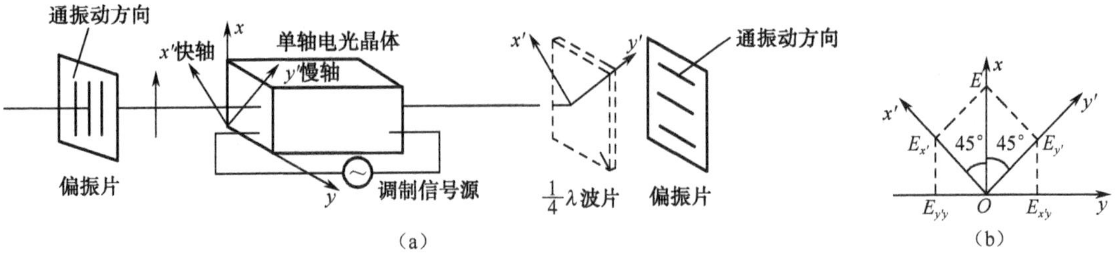

图 4-21　电光调制装置示意图

（2）电光强度调制的过程

根据晶体光学原理，在电光晶体上沿 z 轴方向施加电场，由电光效应产生的感应双折射轴 x' 和 y' 与 x、y 轴成 45° 角。假设 x' 为快轴，y' 为慢轴，若某时刻加在电光晶体上的电压为 V，入射到晶体的在 x 方向上的线偏振激光电矢量振幅为 E，则分解到快轴 x' 和慢轴 y' 上的电矢量振幅为 $E_{x'}$ 和 $E_{y'}$。通过晶体后沿快轴 x' 和慢轴 y' 的电矢量振幅都变为 $E_{x'}=E_{y'}=\dfrac{\sqrt{2}}{2}E$。同时，沿 x' 和 y' 方向振动的两线偏振光之间产生如下式表示的位相差：

$$\delta=\frac{2\pi}{\lambda}\mu_0^2\gamma_{63}V \tag{4-11}$$

式中，μ_0 为晶体在未加电场之前的折射率，γ_{63} 为单轴晶体的线性电光系数，又称泡克尔斯系数。

从晶体中出射的两线偏振光再通过通振动方向与 y 轴平行的偏振片检偏，产生的光振幅（见图 4-21（b））分别为 $E_{x'y}$、$E_{y'y}$，则有 $E_{x'y}=E_{y'y}=\dfrac{1}{2}E$，其相互之间的位相差为（$\delta+\pi$）。此两振动合成的合振幅为

$$\begin{aligned}E'^2&=E_{x'y}^2+E_{y'y}^2+2E_{x'y}E_{y'y}\cos(\delta+\pi)\\&=\frac{1}{4}(E^2+E^2)-\frac{1}{2}E^2\cos\delta=\frac{1}{2}E^2(1-\cos\delta)\end{aligned} \tag{4-12}$$

因光强与振幅平方成正比，所以通过检偏器的光强可以写成（令比例系数为 1）：

$$I=E'^2=E^2\sin^2\frac{\delta}{2}=I_0\sin^2\frac{\delta}{2}$$

即

$$I=I_0\sin^2\frac{\pi\mu_0^3\gamma_{63}}{\lambda}V \tag{4-13}$$

显然，当晶体所加电压 V 是一个变化的信号电压时，通过检偏器的光强也随之变化。图 4-22 画出了 I/I_0-V 曲线的一部分及光强调制的工作情形。为使工作点选在曲线中点处，通常在调制晶体上外加直流偏压 $V_{\lambda/2}$ 来完成。$V_{\lambda/2}$ 是使 δ 为 π 时晶体两端施加的电压，称为半波电压，同样，使 δ 为 π 时晶体两端的电压为全波电压，记为 V_{λ}。或者更方便地在装置中插入 $\lambda/4$ 波片（见图 4-21（a）中虚线），使沿 x' 和 y' 振动的分量间附加 $\dfrac{\pi}{2}$ 的固定位相差。此时，

如外加信号电压为正弦电压（电压幅值较小），$V=V_0\sin\omega t$，则输出光强近似为正弦形。此结果可用公式表达如下。因附加了固定位相差$\frac{\pi}{2}$，式（4-11）中的δ应由$\Delta=\delta+\frac{\pi}{2}$替代，得

$$I=I_0\sin^2\frac{\Delta}{2}=I_0\sin^2\left[\frac{\pi}{4}+\frac{\pi}{2}\frac{V_0}{V_\pi}\sin\omega t\right]$$

$$=I_0\cdot\frac{1}{2}\left[1+\sin\left(\pi\frac{V_0}{V_\pi}\sin\omega t\right)\right] \tag{4-14}$$

一般$V_0\ll V_\pi$，故可将正弦函数展开成级数而取第一项，近似可得

$$I/I_0=\frac{1}{2}+\frac{\pi}{2}\frac{V_0}{V_\pi}\sin\omega t \tag{4-15}$$

可见相对光强仍为原频率是ω的正弦变化量，它是调制电压的线性复制，从而达到光强调制的目的。如果$V_0<<V_\pi$条件不满足，由图（4-22）或式（4-15）可知，输出光强相对调制电压波形发生变化，并将含有高阶（奇数）的谐振项。一般在实际使用中应当避免。

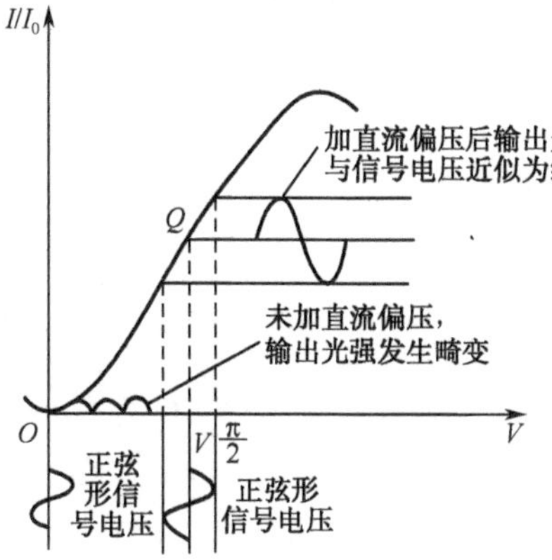

图 4-22　I/I_0-V 曲线

任务 4.4　激光偏转技术

光束偏转技术是激光应用（如激光显示、传真和光存储等）的基本技术之一。它可以用机械转镜、电光效应和声光效应等来实现。根据应用的目的不同可分为两种类型：一种是光的偏转角连续变化的模拟式偏转，它能描述光束的连续位移；另一种是不连续的数字式偏转，它在选定空间的某些特定位置上使光离散。

激光束偏转是激光打印、显示、传真、存储和激光检测等激光应用领域中的基本技术之一。根据使用目的不同激光偏转技术可分为两类。一类是模拟式偏转，它能使激光束做连续的位移；另一类是数字式偏转，它使激光束离散地投射到空间中某些特定的位置上。前者主要用于激光显示技术，后者主要用于光存储。

实现激光偏转的途径主要有机械偏转、电光偏转和声光偏转等。

4.4.1　机械偏转

机械偏转是利用反射镜或多面反射棱镜的旋转或反射镜的振动实现光束扫描的。这种方

法的原理比较简单，入射光束不动，反射镜转动一个角度时，反射光束会转两倍角度。机械偏转具有偏转角大、分辨率高、光损失少且可适应光谱范围大的优点，这些优点是目前其他偏转方法难以达到的。但是，机械偏转的扫描速度受到驱动器（如马达）角速度的限制难以实现快速、高精度的可控偏转，使其应用范围受到限制。尽管如此，机械偏转目前仍然是一种常用的激光偏转方法，不仅用于各种显示技术中，也用于微型图案的激光加工装置中。如图 4-23 所示，激光打标机中的振镜扫描系统，就是用精度较高的马达控制平面镜的偏转方向，实现激光在二维平面内扫描进行激光打标的。但激光打标的光束偏转幅度有限，故加工的二维平面的范围也是有限的。

4.4.2 电光偏转

电光偏转是利用泡克耳斯效应，通过施加在电光晶体上的电场改变晶体的折射率，使光束偏转的。实际的电光晶体偏转器是由两个晶体棱镜（如 KDP 棱镜）所组成的，如图 4-24 所示。制作时使得两个棱镜在沿 z 方向外加电场作用下，下面棱镜的快轴方向（x'）与上面棱镜的慢轴方向（y''）相重合。沿 x' 方向振动的激光入射时，光束沿 y' 方向传播。

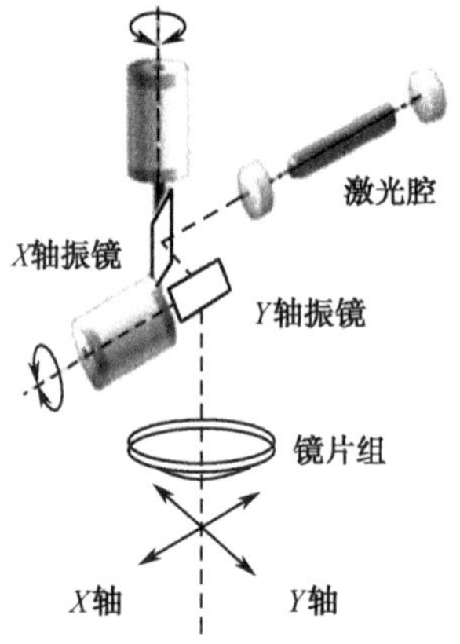

图 4-23　激光打标振镜扫描系统

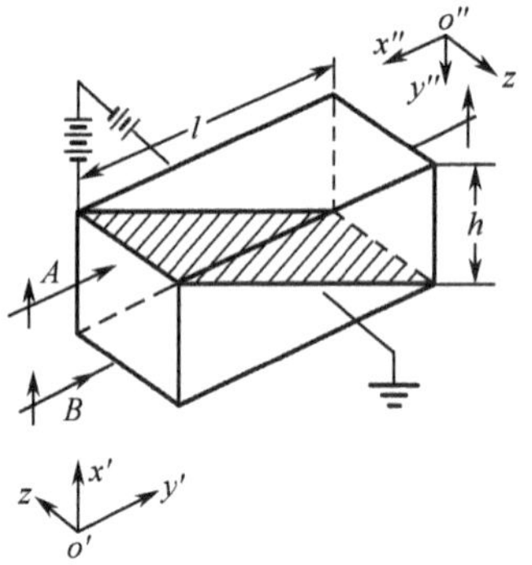

图 4-24　实际的电光晶体偏转器

如果激光垂直一个直角面入射到图 4-25 所示的下面的直角棱镜上，由棱镜斜面上出射的光束会相对原光束传播方向在 $x'-y'$ 面内偏转一个角度。假设置于空气中的棱镜折射率为 n，$\angle A=\varphi$（即图中下面直角棱镜靠近上方 A 点的锐角），由折射定律可得出射光的偏转角为

$$\theta=\sin^{-1}(\mu\sin\varphi)-\varphi$$

在电光晶体上施加电场后，晶体折射率的改变量为 $\Delta\mu$，由于泡克耳斯效应引起的折射率变化 $\Delta\mu$ 极小，可以证明出射光偏转角的相应改变量为

$$\Delta\theta=(\sin^{-1}((\mu+\Delta\mu)\sin\varphi)-\varphi)-(\sin^{-1}(\mu\sin\varphi)-\varphi)\approx\Delta\mu\cdot\varphi \tag{4-16}$$

因而出射光偏转角的改变量与折射率变化成线性关系。

施加电场后，光在上层棱镜中传播时的折射率 μ_A 为

$$\mu_A=\mu_0+\frac{\mu_0^3}{2}\gamma_{63}E_z \tag{4-17}$$

而在下层棱镜中传播时光的折射率 μ_B 为

$$\mu_B=\mu_0-\frac{\mu_0^3}{2}\gamma_{63}E_z \tag{4-18}$$

二者折射率之差为

$$\Delta\mu = \mu_{\mathrm{A}} - \mu_{\mathrm{B}} = \mu_0^3\gamma_{63}E_z \tag{4-19}$$

由式（4-16）可知，通过两个晶体棱镜的总的光束偏转角为

$$\Delta\theta = \Delta\theta_{上} + \Delta\theta_{下} = \Delta\mu_{上}\cdot\varphi - \Delta\mu_{下}\varphi = (\mu_A - \mu_B)\varphi$$

将式（4-19）代入得到

$$\Delta\theta = \mu_0^3\gamma_{63}E_z\varphi \tag{4-20}$$

式（4-20）给出了在沿 z 轴施加电场强度 E_z 而产生的角度偏转。由于泡克耳斯效应产生的折射率变化量 $\Delta\mu$ 很小，不能形成大的折射率梯度，即使采用多级电光棱镜的偏转器，偏转角也不会很大。

4.4.3 声光偏转

1922 年布里渊提出的声波对光波的衍射效应已为实验所证实，声光效应也提供了一种方便的控制光的强度、频率和传播方向的手段，和电光效应一样得到了广泛的应用。

图 4-25 所示为一块均匀的透明介质如熔融石英，其一端与超声发生器（做正弦振动）相连。发生器振荡时，超声波传入均匀介质。当在透明介质的另一端为声波的反射介质时，满足一定的几何要求时就会在介质内产生驻波。因为声波是纵波又是疏密波，在介质中传播时将引起介质的密度发生周期变化。在被声波压缩的地方介质密度变密，其折射率变大；在被声波拉伸的地方密度变稀，其折射率变小。驻波的振幅按照正弦规律变化，所以介质的折射率以空间周期 λ_s 在空间呈正弦变化。具有这种声场的介质，对侧面传来的光波来说将起一个衍射光栅的作用。根据衍射体光栅的布拉格定律有

$$2\lambda_s\sin\theta = \frac{\lambda}{\mu} \tag{4-21}$$

式中，λ 和 μ 分别为真空中光的波长和介质折射率，θ 为衍射角。这就是说，当光线以满足布拉格条件式（4-21）的 θ 角入射到光栅上时，衍射也与衍射体光栅的等折射率面成 θ 角出射，如图 4-26 所示。这里衍射体光栅的等折射率面与声波的传播方向垂直。

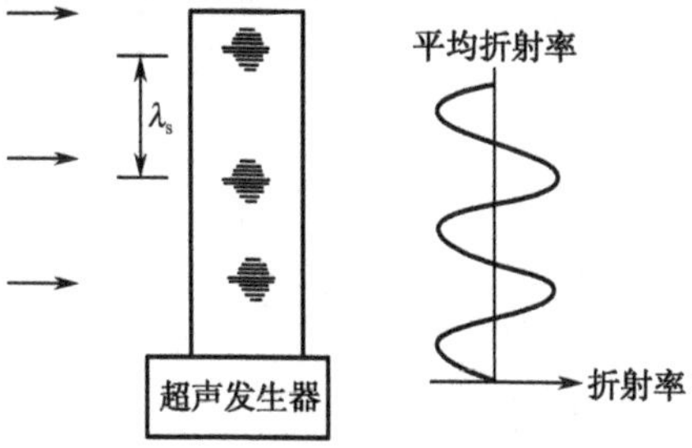

图 4-25　布拉格条件下的衍射

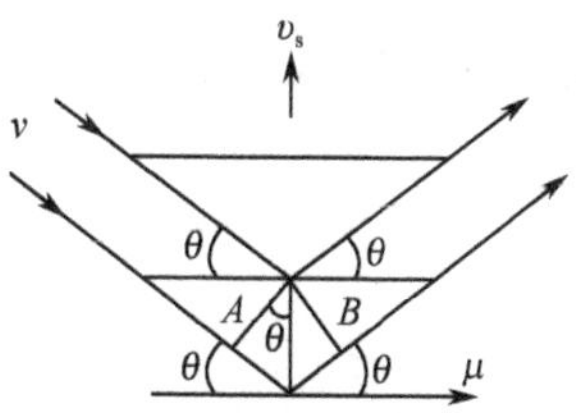

图 4-26　超声波在透明介质中的传播

例如，一个用熔融石英介质做成的声光器件，超声频率为 40MHz，相当于超声波长 λ_s=1.49×10^{-2}cm。当 λ=1.06μm 的光波入射时，由布拉格条件可以算出 θ=0.14°。由于入射角等于反射角 $\theta_r=\theta_i=\theta$，那么衍射光对于入射光的偏离角等于 2θ=0.28°。这个数值虽然不大，但如果放在激光器的谐振腔内，已经足够改变腔的品质因素 Q 值。如果改变超声波的频率，还可以改变偏离角的大小。

在式（4-21）中，由于 $\lambda_s \gg \lambda$，可近似得

$$\theta \approx \frac{\lambda}{2\mu\lambda_s} \tag{4-22}$$

偏转角为

$$\varphi = \frac{\lambda}{\mu\lambda_s} = \frac{\lambda\nu_s}{\mu\upsilon_s} \tag{4-23}$$

式中，ν_s为声波频率，υ_s为声波在器件中的传播速度。当声频改变$\Delta\nu_s$时，由式（4-23）可知，偏转角φ也随之改变，其角度偏转范围为

$$\Delta\varphi = \frac{\lambda}{\mu\upsilon_s}\Delta\nu_s \tag{4-24}$$

任务 4.5　激光调 Q 技术

一般固体脉冲激光器输出的光脉冲不是单一的光滑脉冲，而是一群由宽度在微秒量级的强度不等的小尖峰脉冲组成的序列。这种光脉冲序列持续时间长达几百微秒甚至几毫秒，其峰值功率也只有几十千瓦的水平，远远满足不了如激光雷达、激光测距、激光制导、高速摄影及激光核聚变等许多重要实际应用的要求。调Q技术的出现和发展，是激光技术及应用的一个重大进展。它是将激光全部能量压缩到宽度极窄的脉冲中发射，从而使光源的峰值功率提高几个数量级的一种技术，这样强的相干辐射光与物质相互作用，就产生了一系列具有重大意义的新现象和技术，如非线性光学的出现；同时也推动了如激光测距、激光雷达、高速全息照相等应用技术的发展。

调Q技术自 1961 年提出来以后，发展极为迅速，激光器的输出功率几乎每年增加约一个数量级，脉冲宽度的压缩也取得很大进展。现在，想要获得峰值功率在兆瓦级（10^6W）以上，脉宽为纳秒级（10^{-9}s）的激光脉冲已不困难。激光调Q技术之所以发展这样快也是客观需要的结果。我们知道，一般固体脉冲激光器输出的脉冲，其脉宽有几百微秒甚至几毫秒，其峰值功率也只有几十千瓦的水平，这就远远不能满足某些激光应用的要求，例如，激光脉冲测距要求高峰功率（传播距离远）的窄脉冲。调Q技术就是为了适应这类要求而发展起来的。

4.5.1　激光谐振腔的品质因子 *Q*

激光器的损耗可用品质因数Q描绘。它定义为

$$Q = 2\pi\frac{\text{谐振腔内储存的能量}}{\text{每振荡周期损耗的能量}} \tag{4-25}$$

品质因数是激光谐振腔的性能指标，与腔中介质的增益系数没有关系。如果$a_{总}$为谐振腔的单程总损耗，由品质因子的定义可以得到它与谐振腔的单程总损耗的关系为

$$Q = 2\pi\frac{W}{P} = \frac{2\pi}{\lambda a_{总}} \tag{4-26}$$

W为腔内存储的能量。上式表明谐振腔的损耗大，Q值低；损耗小，Q值高。品质因子是一个纯数，用它来标志谐振腔的性能比单程总损耗系数要好，因为它与谐振腔的腔长无关。

4.5.2 调 Q 原理

调 Q 原理：采用某种办法使谐振腔在泵浦开始时处于高损耗低 Q 值状态，这时激光振荡的阈值很高，粒子密度反转数即使积累到很高水平也不会产生振荡；当粒子密度反转数达到其峰值时，突然使腔的 Q 值增大，导致激光介质的增益将大大超过阈值，极其快速地产生振荡。这时储存在亚稳态上的粒子所具有的能量会很快转换为光子的能量，光子像雪崩一样以极高的速率增长，激光器便可输出一个峰值功率高、宽度窄的激光巨脉冲。用调节谐振腔的 Q 值以获得激光巨脉冲的技术称为激光调 Q 技术。

因为谐振腔的损耗包括反射损耗、吸收损耗、衍射损耗、散射损耗和透射损耗，因而用不同方法控制不同类型的损耗，就形成了不同的调 Q 技术。控制反射损耗的有机械转镜调 Q 技术、电光调 Q 技术，控制吸收损耗的有可饱和吸收染料调 Q 技术，控制衍射损耗的有声光调 Q 技术等。机械转镜调 Q 技术原理比较直观，并且目前已较少使用，这里介绍上述其他三种调 Q 技术。

（1）电光调 Q

电光调 Q 是利用晶体的电光效应来作为 Q 开关的元件。电光调 Q 装置如图 4-27 所示，在激光谐振腔中插入起偏振片及作为 Q 开关的 KD*P 晶体。

当晶体在 z 轴方向加电压后，由于感应双折射，沿 x 方向振动的偏振光进入晶体后将分解为沿 x' 方向和沿 y' 方向振动的两线偏振光。适当调整电压的大小，可以使通过晶体后两者位相差为 $\frac{\pi}{2}$（相应的电压大小被称做半波电压），因而它们合成为圆偏振光。再经反射镜反射，让该圆偏振光再次通过晶体，则相位差再次增加 $\frac{\pi}{2}$，此时，出射光又成为一线偏振光，不过它的振动方向为 y 方向，恰与原入射偏振光的振动方向（x 方向）垂直。也就是说当晶体上加半波电压后，往返通过晶体的线偏振光，振动方向相对改变 90°。对于未加电压的晶体来说，往返通过晶体的线偏振光振动方向不变。

利用上述特点即可制成电光调 Q 开关。如图 4-27 所示，由于 YAG 激光器发出的激光无偏振特性，通过偏振片后成为沿 x 方向振动的线偏振光。当令其往返通过加有半波电压的 KD*P 晶体时，返回的沿 y 方向振动的偏振光被偏振片吸收。此时，腔的 Q 值很低，由于外界激励能源的作用，可使介质上能级的粒子数迅速增加。当上能级的粒子数积累到足够数量（远超过下能级的粒子数）的某个时刻，突然除去 KD*P 晶体上所加的电压，则由 YAG 输出的激光经偏振片后能自由地往返于谐振腔之间，不改变偏振光振动方向，损耗小，因此腔的 Q 值很高，从而输出一个激光巨脉冲。

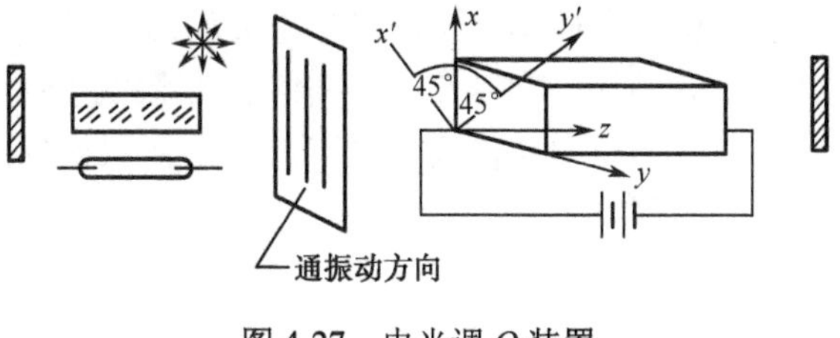

图 4-27　电光调 Q 装置

电光调 Q 能在不到 10ns 内完成一次开关，其峰值功率可达千兆 W 量级。控制电光晶体上每秒的电压开关次数，就可重复地产生巨脉冲。一般电光调 Q 本身的重复频率可达 50kHz。

现在常用的调 Q 晶体是 KD*P，它对 1.06μm 的红外光（钕激光波长）的半波电压约为 4000V，而另一种晶体 KDP 则约为 10000V，所以 KDP 晶体不常使用。铌酸锂晶体是又一种常用的晶体，它的优点是半波电压低，为 2000～3000V，不潮解，但在可见光波段内承受激光损伤的功率阈值较低。为降低 KD*P 晶体的半波电压，常用几块 KD*P 晶体在光路上串联，电路上并联使用，使半波电压降为原来的 1/2。

（2）声光调 Q

声光调 Q 技术原理：在激光谐振腔内放置声光偏转器，当光通过介质中的超声场时，由于衍射造成光的偏折，就会增加损耗而改变腔的 Q 值。这种方法具有重复频率高和输出稳定等优点，目前，多用于获得中等功率的高重复频率的脉冲激光器中。

图 4-28 是一个声光调 Q 的 YAG 激光器的示意图。腔内插入的声光调 Q 器件由声光互作用介质（如熔融石英）和键合于其上的换能器所构成。换能器用一个高频振荡电源来驱动产生相应的机械振动，从而产生超声波耦合到声光介质中去。

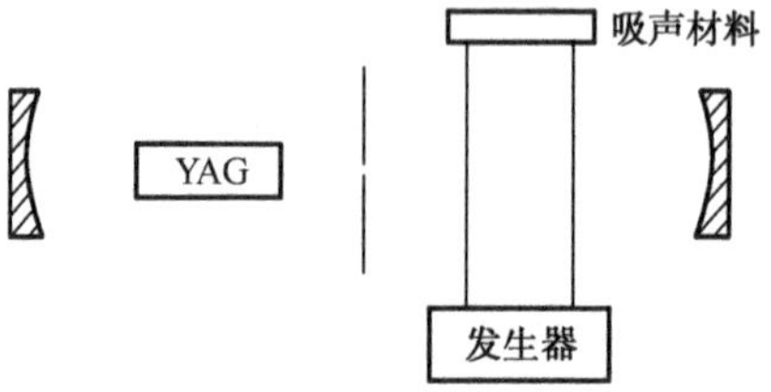

图 4-28　声光调 Q 装置

声光器件在腔内按布拉格条件放置。当加上超声波时，光束按布拉格条件决定的方向偏折，从而偏离了谐振腔的轴向。此时腔的损耗严重，Q 值很低，不能形成激光振荡。在这一阶段，增益介质在光泵激励下，亚稳态上的粒子数大量积累。一定时间后，撤去超声场，光束顺利地通过均匀的声光介质，不发生偏折，使得腔的 Q 值升高，从而得到一个强的激光脉冲输出。自光泵启动，到 Q 值发生突变的这段延迟时间可以利用电路特性来实现。另外，如声光介质中以重复频率 f 产生超声场，则可获得重复频率为 f 的调 Q 激光脉冲序列。

声光开关与电光开关相比，后者电压较高（10^3～10^4V），前者电压较低（10^2V）。声光调 Q 是应用较广泛的一种技术。

（3）染料调 Q

不论是转镜、电光或声光调 Q 技术，Q 开关开启的延迟时间都是可控的，因此，习惯上通称这一类技术为主动调 Q。还有另一种调 Q 技术，它利用某种材料（通常是有机染料）对光的吸收系数会随光强变化的特性来达到调 Q 的目的。由于这种方式中 Q 开关的延迟时间是由材料本身特性决定的，不直接受人控制，所以又称为被动调 Q 技术。

图 4-29 就是这种激光器的示意图，它是在一个固体激光器的腔内插入一个染料盒构成的。染料盒内装有可饱和染料，这种染料对该激光器发出的光有强烈吸收作用，而且随入射光的增强吸收系数减小。其吸收系数可以由下式表示：

$$\alpha = \alpha_0 \frac{1}{1+\dfrac{I}{I_s}} \tag{4-27}$$

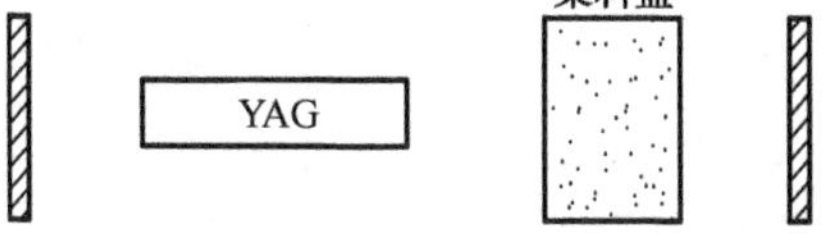

图 4-29 染料调 Q 装置

式中，α 是光强为 I 时的吸收系数；α_0 是光强趋于零时的吸收系数；I_s 为饱和参量，其值等于吸收系数减小到 $\alpha_0/2$ 时的光强。由式（4-27）可以看到：当 I 比 I_s 大很多时，α 逐渐趋向于零，也就是染料对该波长的光变成透明的了。这一现象称为漂白。装有染料的盒子插入脉冲激光器的腔内后，激光器开始泵浦。此时腔内光强还很弱，故而染料对该激光波长的光有强烈吸收，腔内损耗很大，Q 值很低，相当于 Q 开关没有开启的状态，不能形成激光。随着泵浦的继续，亚稳态上粒子数得以积累，腔内的光强也要增强，而染料也会逐渐被漂白。这一过程相当于腔内 Q 值逐渐升高。当漂白到一定程度，Q 值达到一定数值时，染料盒作为 Q 开关已处于开启状态，于是激光器就会给出一个强的激光脉冲。

思考与练习

4-1 钕玻璃激光工作物质，其荧光线宽 $\Delta\nu_D = 24.0\text{nm}$，折射率 $n = 1.50$，若用短腔选单纵模，腔长应为多少？

4-2 为了抑制高阶横模，在一共焦腔的反射镜处放置一个小孔光栏，若腔长 $L = 1\text{m}$，激光波长 $\lambda = 632.8\text{nm}$，为了只让 TEM_{00} 模振荡，小孔的大小应为多少（一般小孔直径等于镜面上基模光斑尺寸的3～4倍）？

4-3 氦氖激光器的增益线宽 $1500\,\text{MHz}$，一个腔长 L=30cm 的激光器内将有多少个纵模振荡？若要实现单纵模振荡，腔长应为多少？

4-4 腔长 30cm 的氦氖激光器荧光线宽为 1500MHz，可能出现三个纵横。用三反射镜法选取单纵横，问短耦合腔腔长（$L_2 + L_3$）应为多少？

4-5 He-Ne 激光器辐射 6328Å 光波，其方形镜对称共焦腔，腔长 L=0.2m。腔内同时存在 TEM_{00}、TEM_{11}、TEM_{22} 横模。若在腔内接近镜面处加小孔光阑选取横模，试问：

（1）如只使 TEM_{00} 模振荡，光阑孔径应多大？

（2）如同时使 TEM_{00}、TEM_{11} 模振荡而抑制 TEM_{22} 振荡，光阑孔径应为多大？

4-6 一高斯光束束腰半径 w_0=0.2mm，λ=0.6328μm，今用一焦距 f 为 3cm 的短焦距透镜聚焦，已知腰粗 w_0 离透镜的距离为 60cm，在几何光学近似下求聚焦后光束腰粗。

4-7 已知波长 λ=0.6328μm 的两高斯光束的束腰半径 w_{10}、w_{20} 分别为 0.2mm、50μm，试问两光束的远场发散角分别为多少？后者是前者的几倍？

4-8 用如图 4-30 所示的倒置望远镜系统改善由对称共焦腔输出的光束方向性。已知两透镜的焦距分别为 f_1=2.5cm，f_2=20cm，w_0=0.28mm，$l_1 >> f_1$（L_1 紧靠共焦腔的输出镜面），求该望远镜系统光束发散角的压缩比。

4-9 有一带偏振棱镜的电光调 Q YAG 激光器。请画出调 Q 激光器的结构示意图，并叙述电光调 Q 的过程。

4-10 试画出 TEM_{34}、TEM_{24}、TEM_{32} 高阶横模的光斑示意图。

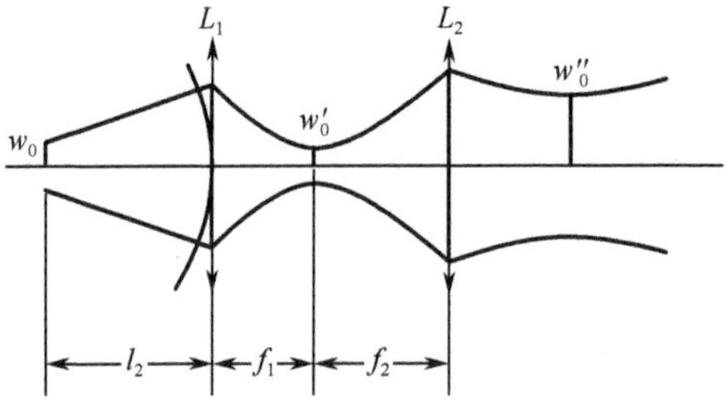

图 4-30　题 4-8 图

4-11　简述声光偏转的过程，声光调 Q 是如何完成的？

4-12　电光强度调制过程中，$\frac{1}{4}\lambda$ 波片的作用是什么？简述电光强度调制的过程。

4-13　激光稳频技术分为哪两类？请分别列举一些常见的激光稳频方法。

项目 5　典型激光器

知识目标

- 掌握典型激光器的结构和工作原理
- 了解典型激光器的特性

能力目标

- 能够结合实物分析激光器的结构
- 掌握典型激光器的工作过程

自第一台红宝石激光器问世以来，激光器的研制发展非常迅速，各种工作物质、运转方式的激光器不断出现，种类繁多，新型激光器不断被开发，激光技术及其应用也得到迅速普及和发展。现代用于激光加工制造的激光器，主要有 YAG 激光器、CO_2 激光器、光纤激光器、准分子激光器、半导体激光器等，本项目主要介绍几种典型的激光器。

任务 5.1　固体激光器

固体激光器是以掺杂离子的绝缘晶体、玻璃（纤维）或者特殊物质作为工作物质的激光器，是激光发展史上最早实现激光工作的激光器，目前已经实现激光振荡的固体工作物质有百余种，激光谱线有数千条，但是最常用的固体激光工作物质主要是红宝石、钕玻璃、掺钕钇铝石榴石、半导体和光纤等。常用固体激光器基本上都是由激光工作物质、泵浦系统、光学谐振腔和冷却、滤光系统构成的，基本结构如图 5-1 所示。其中，激光工作物质是整个激光器的核心，直接影响固体激光器的工作特性。泵浦系统是激光产生的能量来源，常见的有灯泵浦和激光二极管泵浦两种方式，为了提高能量利用率通常采用圆柱或椭圆柱聚光腔，如图 5-2 所示。光学谐振腔包括全反镜和半反镜，通过两个镜片的来回反射形成激光振荡。

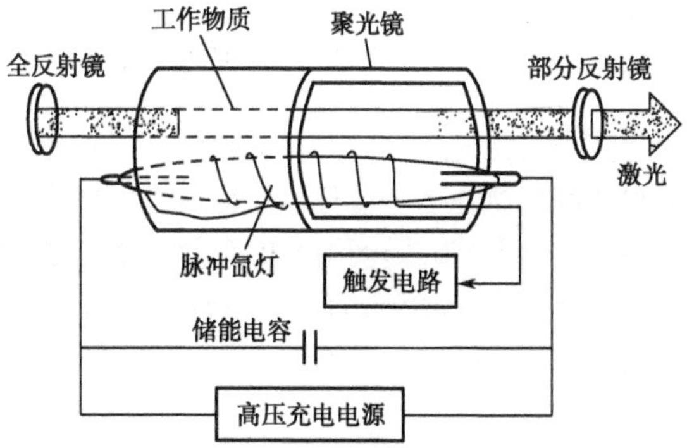

图 5-1　固体激光器的基本结构示意图

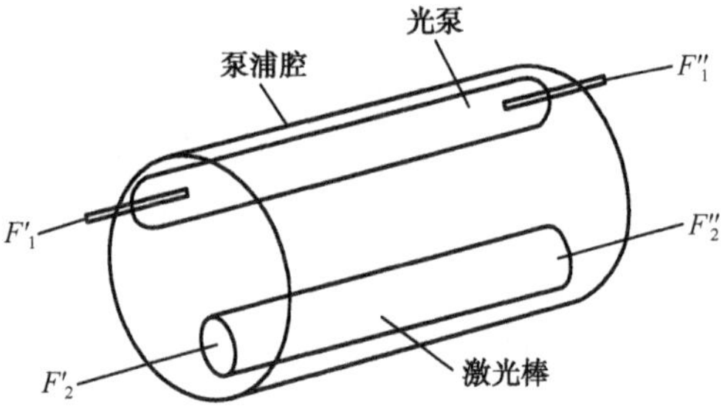

图 5-2　椭圆柱聚光腔

1．红宝石激光器

红宝石是在三氧化二铝（Al_2O_3）中掺入少量的氧化铬（Cr_2O_3）生长成的晶体，它的吸收光谱特性主要取决于铬离子（Cr^{3+}），如图 5-3 所示。从图中可以看出，红宝石中掺入的铬离子有两个很强的吸收带，峰值波长分别为 0.41μm 和 0.55μm。这两条吸收带导致红宝石中铬离子与激光产生有关的三能级系统结构中有两条荧光谱线，其室温下对应的中心波长分别为 0.6943μm 和 0.6929μm。由于在激光振荡过程中存在模式竞争，使得中心波长为 0.6929μm 的激光振荡在竞争中被湮灭，而中心波长为 0.6943μm 的谱线在激光振荡过程中占优势，所以通常红宝石激光器产生的激光谱线均为 0.6943μm。

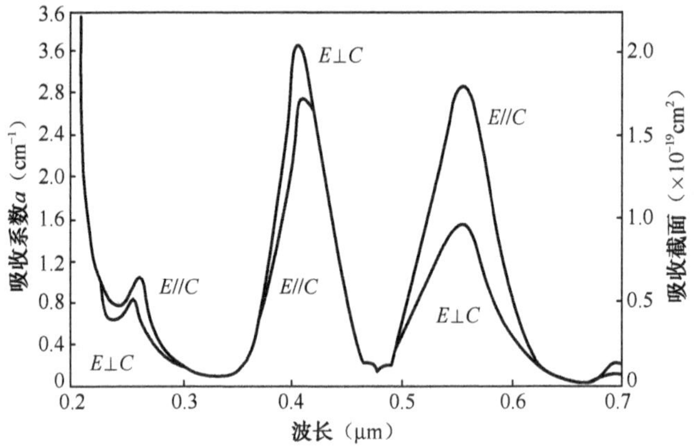

图 5-3　红宝石中铬离子的吸收光谱

红宝石激光器是世界上第一台激光器，它的机械强度高，容易生长大尺寸晶体，容易获得大能量的单模输出，输出的红色激光不但可见，而且适于用探测器进行探测。但是，红宝石激光器的阈值高，温度效应非常严重。随着温度的升高，激光波长将向长波方向移动，荧光谱线变宽，荧光量子效率下降，导致阈值升高，严重时会引起“温度淬灭”。因此，在室温情况下，红宝石激光器不适于连续和高重复率工作，但在低温环境下可以连续运转。

2．Nd3+:YAG 激光器

YAG 激光器是目前应用较广泛的一种激活离子与基质晶体组合的固体激光器。工作物质 YAG 晶体具有优良的物理化学性能、激光性能及热学性能，可以制成连续和高重复频率器件，其输出的激光波长为 1064nm。其中，Nd^{3+}:YAG 激光器是 YAG 激光器中最典型的一种，它的工作物质是掺钕钇铝石榴石，它是将一定比例的 Al_2O_3、Y_2O_3 和 Nd_2O_3 在单晶炉中进行熔化结晶而成的，呈淡紫色，它的激活粒子是钕离子（Nd^{3+}），其吸收光谱如图 5-4 所示，在紫外、可见光和红外区内有几个很强的吸收带。经分析，YAG 激光器中 Nd^{3+}离子与激光产生有关的四能级系统结构中对应的荧光谱线的中心波长分别为 1.35μm 和 1.06μm。由于 1.06μm 比 1.35μm 的荧光强约 4 倍，所以在激光振荡中，Nd^{3+}:YAG 激光器最终只产生 1.06μm 的激光。

YAG 激光器阈值低热学性能优良，既适用于连续工作又可以脉冲输出，其输出波长较短对聚焦、光纤传输和金属表面吸收等有利，因此与金属的耦合效率高，加工性能良好。YAG 激光器能与光纤耦合，借助时间分割和功率分割多路系统可以方便地将一束激光传输给多个工位或远距离工位，便于激光加工实现柔性化。YAG 激光器结构紧凑，特别是 LD 泵浦的全固态激光器，小型化、全固态、长寿命、工作物质热效应减小、使用简便可靠，是目前 YAG 激光器的主要研究和发展方向。YAG 激光器的缺点是工作过程中 YAG 棒内部存在温度梯度，因而会产生热应力和热透镜效应，输出功率和光束质量受到影响。

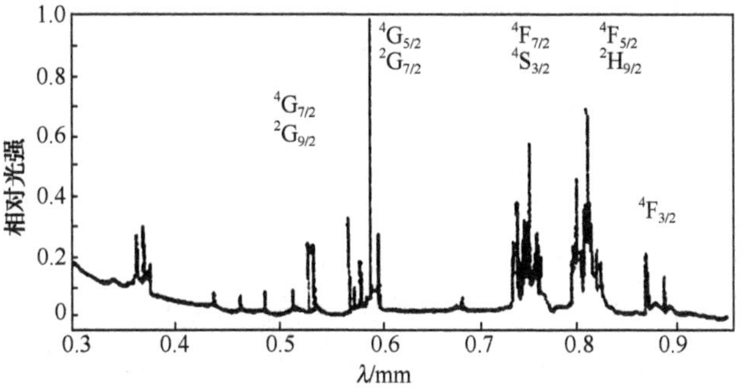

图 5-4 Nd^{3+}:YAG 晶体的吸收光谱

3. 光纤激光器

光纤激光器是以光纤作为工作物质（增益介质）的极有发展潜力的中红外波段激光器，基本结构如图 5-5 所示。按其发射机理可以分为稀土掺杂光纤激光器、光纤非线性效应激光器、单晶光纤激光器、光纤孤子激光器等，其中稀土掺杂光纤激光器已很成熟，如掺铒光纤放大器（EDFA）已广泛应用于光纤通信系统。高功率光纤激光器主要用于军事（光电对抗、激光探测、激光通信等）、激光加工（激光打标、激光机器人、激光微加工等）、激光医疗等领域。

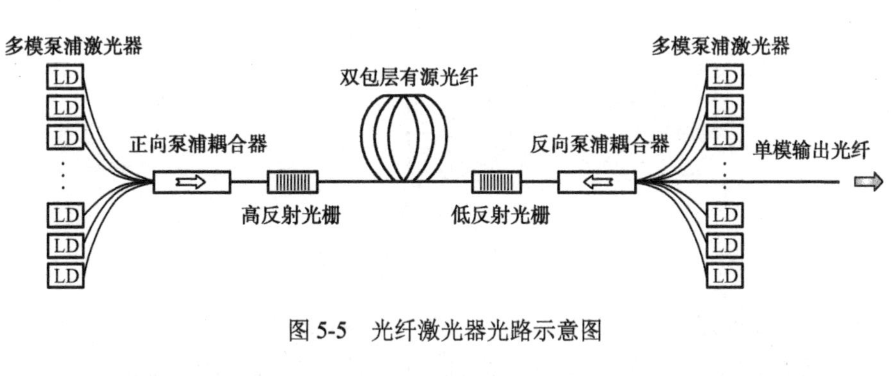

图 5-5 光纤激光器光路示意图

以稀土掺杂光纤激光器为例，掺有稀土离子的光纤芯作为增益介质，掺杂光纤固定在两个反射镜间构成谐振腔。当泵浦半导体激光通过光纤时，光纤中的稀土离子吸收泵浦光，其电子被激励到较高的激发能级上，实现了粒子数反转。反转后的粒子以辐射形式从高能级转移到基态，输出激光。这类激光器具有以下特点：

（1）光纤激光器在低泵浦下容易实现连续运转。

（2）光纤激光器为圆柱形结构，容易与光纤耦合，实现各种应用。

（3）光纤激光器的辐射波长由基质材料的稀土掺杂剂决定，不受泵浦光波长的控制，因此可以利用与稀土离子吸收光谱相应的短波长激光二极管作为泵浦源，得到中红外波段的激光输出。

（4）光纤激光器与目前的光纤器件，如调制器、耦合器、偏振器等相容，故可制成全光纤系统。

（5）光纤激光器结构简单，体积小巧，操作和维护运行简单可靠，不需要像半导体激光泵浦固体激光器系统中的水冷结构等复杂设备。

（6）与灯泵激光器相比，光纤激光器消耗的电能仅约为灯泵激光器的 1%，而效率则是半导体激光泵浦固体 YAG 激光的两倍以上。

（7）因为光纤只能传输基本的空间模式，所以光纤激光器的光束质量不受激光功率运作的影响，尤其是高功率双包层光纤激光器具有输出功率高、散热面积大、光束质量好等优点，输出的激光具有接近衍射极限的光束质量。

4. 碟片激光器

碟片激光器，又称圆盘激光器，它与传统的固体激光器的本质区别在于激光工作物质的形状，将传统的固体激光器的棒状晶体改为碟片晶体，这种理念从原理上有效地克服了固体激光器固有的热效应问题，其主要优点是允许非常高的泵浦功率密度但在晶体内不会有太高的温升。一般地，碟片激光器的基本结构由抽运模块、晶体腔体、谐振腔、导光系统和光导纤维接口组成，并装有功率实时反馈控制系统。其工作基本过程：由抽运模块发射抽运光束，经准直后进入晶体腔体，借助于腔内的抛物形反射镜聚焦在晶体上，被晶体吸收一部分后，透射的那部分光被晶体背面高反射镀层反射，又被晶体吸收一部分，然后入射到腔内的棱镜上，再由抛物面反射镜和其他反射镜聚焦在晶体上。如此重复往返的入射使得一束抽运光从抽运模块发出、进入晶体腔体至离开晶体腔体的过程中将途经激光晶体多次。抽运光能量被激光晶体充分吸收，光光转换效率高达 65%，原理如图 5-6 所示。

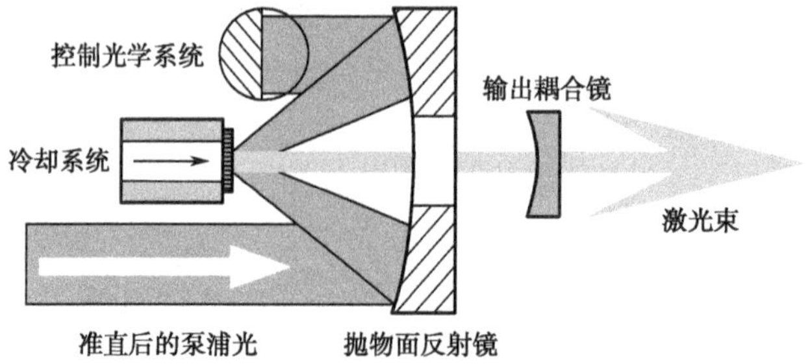

图 5-6　碟片激光器原理图

碟片激光器泵浦的增益介质主要有 Nd:YAG，Nd:GGG，Nd:glass，Yb:FAP。其中，Yb:YAG 转换效率高、量子损耗低、吸收带宽宽，泵浦功率密度阈值高，对温度稳定性高度敏感，是一种实用的高平均功率固体激光增益介质。而 Nd:YAG 温度敏感度低，泵浦功率密度阈值很低，在小功率方面有很好的应用，采用较厚的 Nd:YAG 可降低耦合系统难度，不需采用结构复杂的多通耦合系统。目前，国内主要采用 Nd:YAG，而国外薄片激光器通常采用 Yb:YAG 晶体做激光介质。

碟片激光器泵浦模块的光学部分由准直光学、抛物线反射镜和两对反射镜组成，反射镜的 HR 膜是 940～980nm。泵浦光源-光纤耦合激光二极管（不含）用标准连接头连接泵浦模块。准直光学系统的焦距可以采用光纤纤芯和激光晶体上所需的脉泵浦光斑尺寸。激光晶体被安装在铜/钨散热片上，泵浦光经过在碟片晶体的反射镜多次往返通过晶体碟片。其泵浦方式有侧面泵浦和端面泵浦两种。

碟片激光器中采用了均匀泵浦和碟片散热冷却两种关键技术，这两个技术既是实现热流一维分布，消除热透镜效应的关键，也是减小薄片应力，防止薄片断裂的关键。均匀泵浦技术采用单透镜对光纤输出的光进行准直，为保证泵浦光被薄片充分吸收需要采用结构复杂的多通耦合系统，如 4、8、16 路泵浦结构。碟片的散热冷却采用铜微通道冷却器。碟片介质前表面镀泵浦光和激光的增透膜，后表面（冷却面）先镀这两种光的全反膜，再镀 Ti、Pt、Au 实现金属化，最后采用铟焊工艺将薄片焊接在铜热沉上，以减小激光介质与冷却器之间的热阻，提高散热冷却效率，同时有利于薄片的自由膨胀，防止薄片断裂。

5．半导体激光器

半导体激光器是以半导体材料作为激光工作物质的激光器，它是所有激光器中体积最小的，其工作物质是砷化镓、磷化铟、硫化锌、硫化镉等半导体材料，具有超小型、高效率、结构简单、价格便宜及可高速工作等优点。半导体激光器激励方式有电注入、电子束激励和光泵浦三种形式，半导体激光器件可分为同质结、单异质结、双异质结等几种。半导体激光器的制造工艺与半导体电子器件和集成电路的生产工艺兼容，便于与其他器件单片集成，而且可以用高达几赫兹的频率直接调制输出高速调制的激光束。因此半导体激光器已在激光通信、激光存储、激光测距、激光打印等方面得到了广泛应用。

砷化镓激光器的基本结构如图 5-7 所示，它的核心部分是 PN 结。PN 结的两个端面是按晶体的天然晶面剖开的，称为解理面。这两个表面极为光滑，可以直接作为平行反射镜面，镀上膜，构成光学谐振腔。上下电极施加正向电压时，结区会产生双简并能级结构，并且出现激光工作电流。根据需要，这类激光器的激光可以从端面输出也可以从两侧输出。

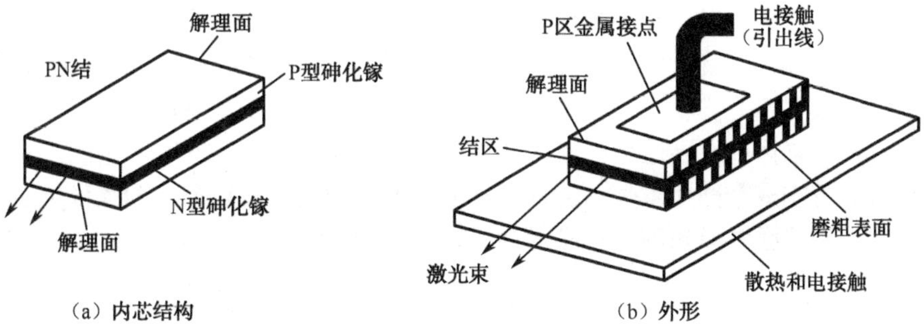

图 5-7 砷化镓激光器的结构

半导体激光器的基本原理基于半导体材料的能带理论，导带为激发态，价带为基态，在外加电场的作用下产生载流子，PN 结区形成双简并能带结构，在结区的导带底部和价带顶部形成粒子数反转分布。此时，受激辐射就会使半导体物质在能带间跃迁发光，再利用半导体晶体的解理面形成两个平行反射镜面作为反射镜，组成光学谐振腔，使光振荡反馈，产生光的辐射放大，输出激光。

半导体激光器与其他激光器有着显著的不同，输出激光的方向性较差，特别是在 PN 结的垂直平面内，发散角很大，可达 20°～30°。在 PN 结的水平面内，发散角约为几度，激光束的空间分布示意图如图 5-8 所示。但是，随着半导体激光芯片外延生长技术的不断发展和有关半导体激光光束整形技术的进步，半导体激光器克服了先天方向性差的问题，也可以直接用于激光焊接、表面处理等越来越广的工业加工领域，其输出功率也在不断提高。

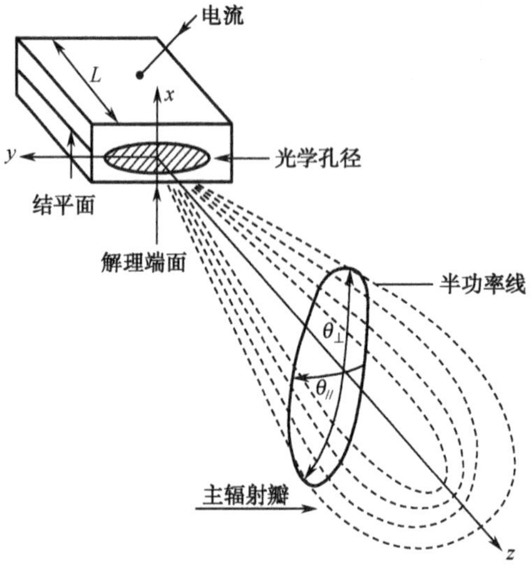

图 5-8　激光束的空间分布示意图

6．其他固体激光器

（1）半导体激光二极管泵浦的固体激光器

该类型的激光器是利用半导体激光二极管阵列代替传统的氪灯或氙灯来对激光晶体进行泵浦的，被称为第二代激光器。这是一种高效率、长寿命、光束质量高、稳定性好、结构紧凑小型化的第二代新型固体激光器，已在空间通信、光纤通信、大气研究、环境科学、医疗器械、光学图像处理、激光打印机等高科技领域有着独具特色的应用前景。

半导体激光二极管泵浦的固体激光器与传统的灯泵浦固体激光器相比具有很大的优越性。其能量转换效率高达 50%，再加上其谱线对应的中心波长和固体激光器工作物质吸收峰值准确重合，使得总体效率已达灯泵浦的 4 倍以上。这类激光器工作时产生的无功热量小，介质温度稳定，可制成全固化器件，消除振动的影响，激光谱线更窄，频率稳定性更好。此外，泵浦方式分为端面泵浦和侧面泵浦两种，如图 5-9 所示。

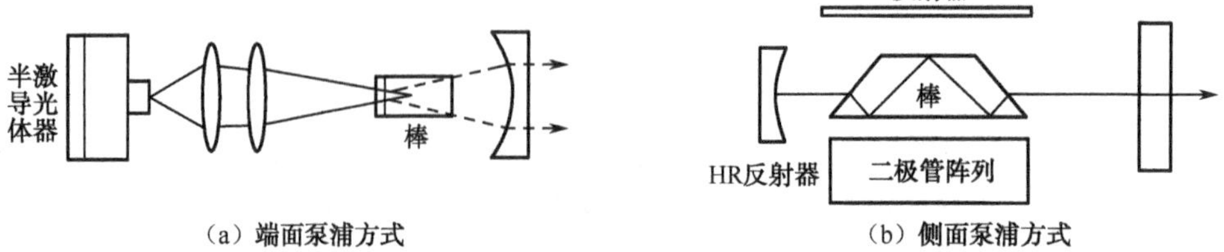

图 5-9　半导体激光泵浦固体激光器的结构示意图

（2）可调谐固体激光器

固体激光器实现可调谐是固体激光器的重大进展。可调谐固体激光器主要有两类，一类是色心激光器，一类是用掺过渡族金属离子的激光晶体制作的可调谐激光器。色心激光器的阈值低，既可连续工作，又可脉冲工作，很容易实现单模运转，并且光束质量好。特别是调谐范围可覆盖 0.8～3.9μm，这是其他可调谐激光器难以达到的。它在分子光谱学、化学动力学、污染检测、光纤通信、半导体物理等领域有重要的应用价值。但是，色心激光器在使用过程中仍然不太稳定。与此相比，掺过渡族金属离子的激光晶体制作的可调谐激光器性能更加优越，这类激光晶体主要有金绿宝石、钆钪镓榴石、掺钛蓝宝石等，其中以钛蓝宝石的进展最突出，是目前性能最好的固体可调谐激光材料。

（3）高功率固体激光器

高功率固体激光器主要是指输出平均功率在几百瓦以上的各种连续、准连续及脉冲固体激光器，它一直是军事应用和激光加工应用所追求的目标。高功率固体激光器的研制有许多关键技术，其中最重要的是克服固体工作物质中的热效应，从二十世纪七十年代起开始研制的板条形固体激光器，就是针对克服工作物质中的热分布及其引起的一系列固有矛盾，如折射率分布、应力双折射等而提出的一种结构方案，其结构如图 5-10 所示。

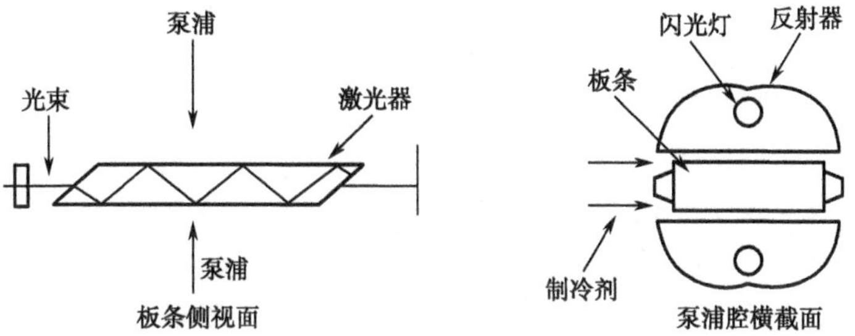

图 5-10　板条形固体激光器结构示意图

任务 5.2　气体激光器

气体激光器是以气体或蒸汽作为工作物质的激光器。由于气体激光器是利用气体原子、分子或离子的分离能级进行工作的，所以它的跃迁谱线及相应的激光波长范围较宽，目前已观测到的激光谱线不下万余条，遍及从紫外到远红外整个光谱区。与其他种类的激光器相比，气体激光器结构简单、造价低，操作方便，工作介质均匀，光束质量好以及能长时间较稳定地连续工作，是目前品种最多、应用最广泛的一类激光器，广泛应用于工农业生产、国防和科学研究等领域。

1. 氦氖激光器

氦氖激光器是已研制成功的第一种气体激光器，也是最常用的一种，通常在可见光频段工作，功率一般约为数毫瓦，连续发光。由于单色性好，相干长度可达数百米。氦氖激光器由激光放电管、谐振腔和激励电源三部分组成，分为内腔式、外腔式和半内腔式三种，如图 5-11 所示。对于外腔式和半内腔式结构，在放电管的一端或两端，通过布儒斯特窗片实现真空密封，以减少损耗，并且保证了激光输出是线偏振光。另外，氦氖激光管的阳极一般用乌棒制成，阴极多用电子发射率高溅射率小的铝及其合金制成，并将其做成圆筒状。由于氦氖激光器的增益低，其光学谐振腔一般采用平凹腔。

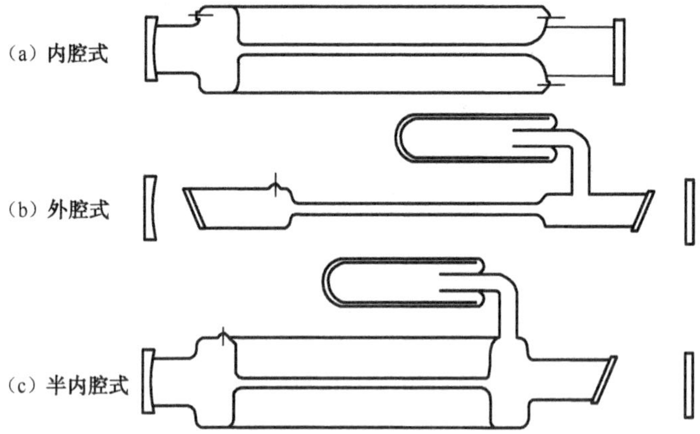

图 5-11　He-Ne 激光器的基本结构形式

He-Ne 激光器是典型的四能级系统，图 5-12 是与产生激光有关的 Ne 原子的部分能级图，其激发主要包括三个过程。第一是共振转移，从图中不难看出，He 原子的 2^1S_0、2^3S_1 态分别与 Ne 原子的 3S、2S 态靠得很近，两者很容易进行共振能量转移，并且转移概率很高，可达 95%。第二是电子直接碰撞激发，在气体放电过程中，基态 Ne 原子与具有一定动能的电子进行非弹性碰撞，直接被激发到 2S 和 3S 态。第三是窜级跃迁，Ne 与电子碰撞被激发到更高能态，然后再跃迁到 2S 和 3S 态。当氦氖原子气体在放电管中时，通过电子碰撞的激发，氦原子由基态跃迁到亚稳态能级，处于这一能级的原子与氖原子碰撞时，将能量传递给氖原子，使其向不同的能态跃迁，从而产生 632.8nm、1152nm、3391nm 等不同波长的激光。目前，在医疗上氦氖激光器主要用于照射，有刺激、消炎、镇痛和扩张血管作用。如内科可用于穴位照射、体表局部照射；皮肤科用于治疗皮肤、黏膜溃疡等。

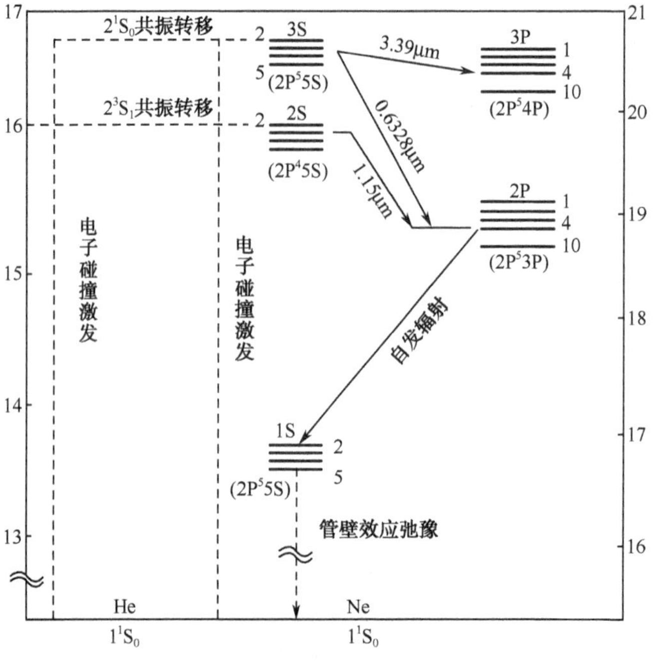

图 5-12　与激光跃迁有关的 Ne 原子的部分能级图

2．CO_2激光器

CO_2激光器是典型的气体激光器，其激光波长为10.6μm和9.6μm，自1964年第一台CO_2激光器研制成功以来，因其效率高、光束质量好、功率范围大、能连续和脉冲输出、运行费用低等优点，成为气体激光器中最重要、应用最广的一种激光器。

CO_2激光器种类繁多，一般分为封离型、纵向慢流型、轴向快流型、横向激励高气压型、横向流动型、旋流型、扩散冷却型等。市场上一般用封离型CO_2激光器进行标刻加工，轴向快流CO_2激光器、旋流CO_2激光器、扩散冷却CO_2激光器进行切割、焊接，横向流动CO_2激光器进行热处理。

就其基本结构而言，普通的封离型CO_2激光器包括腔片、放电管、电极和电源等几部分，典型的封离型CO_2激光器的结构示意图如图5-13所示。封离型CO_2激光器使用的平凹光学谐振腔封装在放电管的两端，全反镜为凹面镜，输出镜为平面镜，采用能透过10.6μm激光的红外材料制成，如KCl、NaCl、KBr等碱金属卤化物盐，Ge、Si、GaSe等半导体材料。CO_2激光器的放电管多采用硬质玻璃制成，小型CO_2激光器的放电管孔径一般是4～8mm，输出功率通常在10mm以上。水冷套管放在储气管内部，使得支撑谐振腔外径的内径很大，既可储存大量气体，又具有很好的机械稳定性。此外，CO_2激光器中还设置了回气管，可以将放电管的阴极和阳极空间连通，保证气体成分分布均匀，压强平衡。而高功率CO_2激光器多采用复杂稳定的轴快流CO_2激光器，基本结构如图5-14所示。

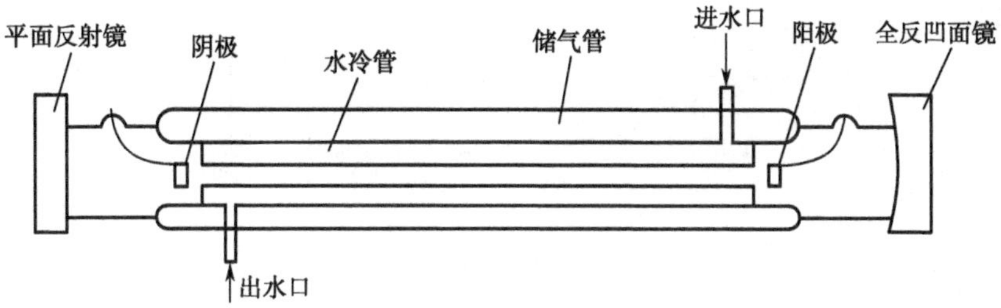

图5-13　典型封离型CO_2激光器的结构

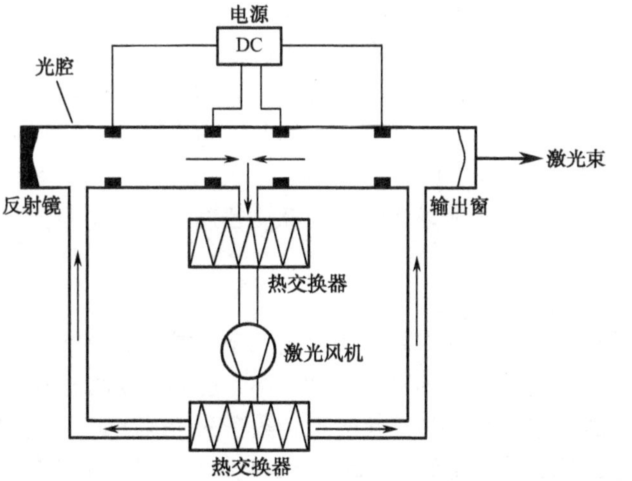

图5-14　轴快流CO_2激光器结构图

与其他气体激光器一样，CO_2 激光器工作原理及其受激发射过程相对复杂。分子有三种不同的运动，一是分子里电子的运动，其运动决定了分子的电子能态。二是分子里的原子振动，即分子里原子围绕其平衡位置不停地做周期性振动，并决定于分子的振动能态。三是分子转动，即分子为一整体在空间连续地旋转，分子的这种运动决定了分子的转动能态。分子运动极其复杂，因而能级也很复杂。

CO_2 激光器中与产生激光有关的 CO_2 分子能级如图 5-15 所示。在 CO_2 激光器中，主要的工作物质由 CO_2、氮气、氦气三种气体组成。其中 CO_2 是产生激光辐射的气体，氮气及氦气为辅助性气体。加入其中的氦，可以加速 01^10 能级热弛豫过程，因此有利于激光能级 10^00 及 02^00 的抽空。加入氮气主要在 CO_2 激光器中起能量传递作用，为 CO_2 激光上能级粒子数的积累与大功率高效率的激光输出起到强有力的作用。

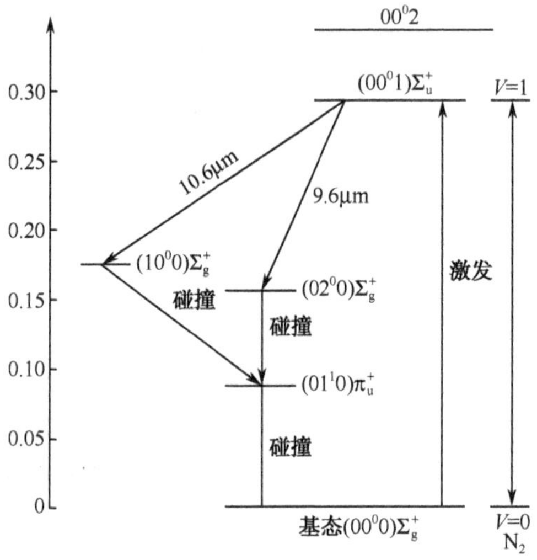

图 5-15　与产生激光有关的 CO_2 分子能级图

当 CO_2 激光器进行气体放电时，一部分高速电子直接碰撞 CO_2 分子，使其由基态跃迁到激发态（00^01）上，另一部分高速电子与 N_2 分子碰撞，使其由基态激发到高能态。由于 N_2 分子的激发态与 CO_2 分子的（00^01）能级非常接近，很容易通过共振能量转移过程将基态 CO_2 分子激励到（00^01）能级上。于是，通过上述两种过程，有效实现了 CO_2 分子在（00^01）能级上的粒子数积累，一旦实现（00^01）与（10^01）、（02^01）之间的粒子数反转，即可通过受激辐射，产生 10.6μm 和 9.6μm 两种波长的激光。由 CO_2 分子能级跃迁图可见，10.6μm 和 9.6μm 两条谱线有共同的激光上能级（00^01），因此在它们之间将产生强烈的竞争。由于相对于 10.6μm 波长的跃迁概率比 9.6μm 的大，所以通常 CO_2 激光器的输出激光波长为 10.6μm。

3. 氮分子激光器

氮分子激光器是一种以氮气为主要工作物质的激光器，其输出波长主要在紫外区，其中以中心波长 0.337μm 最常见。它的脉冲峰值功率高，脉冲持续时间短，重复率高，而且结构简单，制造容易。另外，它的增益高，粒子反转数存在的时间短，不需要任何谐振腔也能获得激光输出，是一种自发辐射的受激放大激光器。它还可以作为有机染料激光器的泵浦光源，可以获得从近红外到近紫外的连续可调激光输出，是激光拉曼光谱仪的一种理想光源。此外，氮激光器在激光分离同位素、荧光诊断、超高速摄影、污染检测及医疗卫生、农业育种等方面也得到广泛应用。氮分子激光器主要由电源、传输线、储能电容器、激光腔、充电电感和火花间隙开关等组成，基本结构如图 5-16 所示。这是一个工作在大气环境下的简易氮分子激光器的结构图。工作介质为占空气含量约为 78%的氮气，通过火花间隙的过压触发氮原子跃迁，其脉冲可短至纳秒量级，氮分子激光器工作需要很陡的脉冲，所以作为激光电容就需要有非常快的放电速度，才能使粒子数反转，这是一种气体放电激励方式。

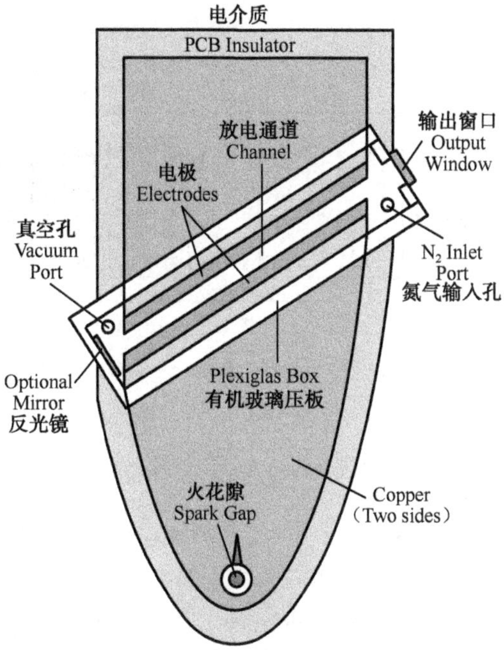

图 5-16　氮分子激光器基本结构图

4. 氩离子激光器

氩离子激光器是一种惰性气体离子激光器，其激光谱线很丰富，主要分布在蓝绿光区，以 0.4880μm 蓝光和 0.5145μm 绿光两条谱线最强。它既可以连续工作，又可以脉冲方式运转。连续输出功率一般为几瓦到几十瓦，高者可达数百瓦，是目前在可见光区连续输出功率最高的气体激光器。因此，广泛应用于激光电视、全息照相、信息处理、光谱分析及医疗和工业等许多领域。

氩离子激光器一般由放电管、电极、谐振腔、轴向磁场和回气管等几部分组成。其中，放电管是氩离子激光器最关键的部分。由于氩离子激光器工作电流大，放电毛细管的管壁温度可达 1000℃以上，因此放电管材料需要耐高温、导热性能好，还要求放电管材料的气密性好，吸气率低，机械强度高。常用的材料有石英、氧化铍陶瓷、分段石墨等。高纯质密石墨是目前广泛使用的一种放电毛细管材料。由于石墨是良导体，为维持放电，石墨放电毛细管必须采用分段结构，段与段间彼此绝缘，如图 5-17 所示。其中，放电毛细管由分段石墨片组成，石墨片由两根直径约为 3.5mm 的氧化铝陶瓷杆串起来，并用小石英环使其每片隔开，彼此绝缘。整个组合体置于水冷套的石英管内，两端分别为提供电子发射的阴极和收集电子的石墨阳极，阴极选用钡钨材料。此外，氩离子激光管内设有回气管，使放电管气压平衡，有助于激光输出。在石墨管氩离子激光器中，管内的气体清除效应引起管内气压降低，使输出降低。为了延长激光管的使用寿命，在激光管上常常配备有储气和充气装置。为了提高氩离子激光器输出功率和寿命，还需加上几百到一千高斯的轴向磁场，通常由套在放电管外面的螺管线圈产生。

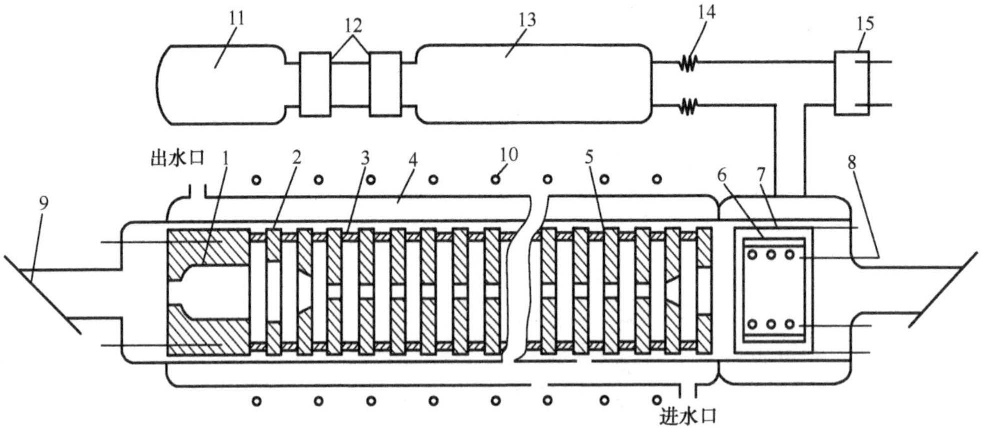

1—石墨阳极；2—石墨片；3—石英环；4—水冷套；5—放电毛细管；6—阴极；7—保热屏；8—加热灯丝；9—布氏窗；10—磁场；11—储气瓶；12—电磁真空充气阀；13—镇气瓶；14—波纹管；15—气压检测器

图 5-17　分段石墨结构氩离子激光器示意图

氩离子激光器的激活粒子是氩离子，其激发过程有两步。首先通过气体放电将氩原子电离，再通过放电激励将氩离子激发到激光上能级。此外，在低压脉冲放电时，还有直接将氩原子激发到氩离子激发态的一步过程和级联过程。与产生激光有关的氩离子激光器的能级结构如图 5-18 所示。激光上能级为 $3P^4 4P$，激光下能级为 $3P^4 4S$。两步激发过程：气体放电后，放电管中的高速电子与中性氩原子碰撞，从氩原子中碰撞出一个电子，使之电离，形成处在基态 $3P^5$ 上的氩离子；该基态氩离子再与高速电子碰撞，被激发到高能态，当激光上下能级间产生粒子数反转时，即可产生氩离子激光。由于 $3P^4 4P$ 和 $3P^4 4S$ 能级上有许多不同的电子态，所以氩离子激光器输出有丰富的谱线。

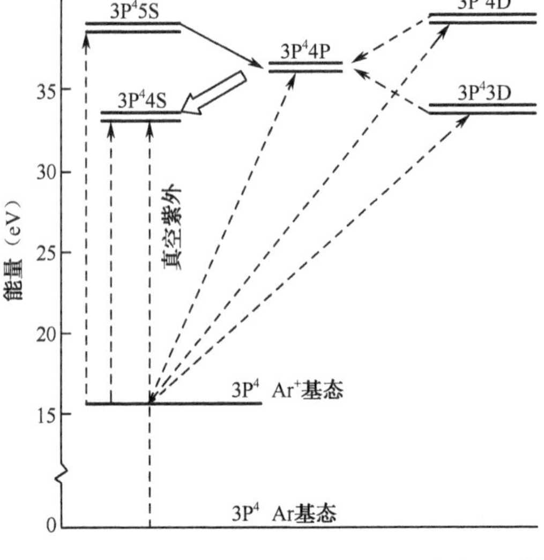

图 5-18　与产生激光有关的氩离子激光器的能级结构

任务 5.3 其他激光器

1. 准分子激光器

所谓准分子是指常态下为原子激发态下能暂时结合成的不稳定分子，而受激准分子则是指在基态下又能迅速离解成原子的缔合物，准分子激光器的工作物质就是这种准分子气体。准分子激光器输出脉冲紫外到可见激光，短波长输出是准分子激光器应用于激光加工的突出优点。准分子激光器输出紫外激光的波长短、频率高，因而光子能量大，可以直接深入到材料内部进行加工，得到极高的加工质量。它在分离同位素、紫外光化学、激光光谱学、快速摄影、高分辨率全息术、激光武器、物质结构研究、光通信、遥感、集成光学、非线性光学、农业、医学、生物学以及泵浦可调谐染料激光器等方面已获得比较广泛的应用，而且可望发展成为用于核聚变的激光器件。

准分子激光器主要分为稀有气体准分子激光器和稀有气体卤化物准分子激光器两种类型。由氩、氪、氙 3 种激励分子振荡发射的稀有气体激光器，其激光发射波长分别为 126nm、147nm、172nm，处于短波长的真空紫外区。稀有气体卤化物准分子激光器的激发介质是稀有气体和卤化物的混合气体，商业上常用 ArF、KeF、XeC1 三种准分子激光器，它们的激光谱线波长分别是 193nm、248nm、308nm。

准分子激光器的泵浦方式通常有电子束泵浦和快速放电泵浦两种，其中电子束泵浦又分横向泵浦、纵向泵浦和同轴电子束泵浦三种，而快速放电泵浦方式多采用所谓布鲁姆莱电路。放电泵浦准分子激光器的结构如图 5-19 所示，激光器由放电室、光学谐振腔、预电离针、放电电路等组成。

高压恒流电源给储能电容充电至所需电压，触发信号使闸流管导通后，储能电容向脉冲形成布鲁姆莱线，放电至峰值电压时，指令触发信号使轨道开关接通，则布鲁姆莱线形成的陡的前沿高压脉冲加在放电电极两端，在提前触发的紫外预电离情况下，使气体在 50ns 左右的时间内均匀放电，输出准分子激光。

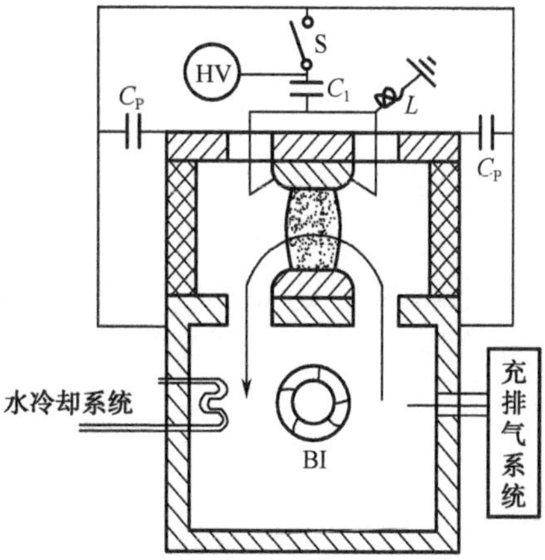

图 5-19 放电泵浦准分子激光器的结构

2. 自由电子激光器

自由电子激光器是一种新型激光器，其工作物质是自由电子束。由于它具有高功率、高效率、波长的大范围调谐和超短脉冲的时间结构等一系列优良特性而受到人们的格外重视。它和普通激光器的根本区别在于辐射不是基于原子、分子或离子的束缚电子能级间的跃迁的。从本质上看，自由电子激光器是利用相对论电子束通过周期磁场将电子束的动能转换为辐射能的。

自由电子激光器一般由电子加速器、摆动器和光学系统几个部分构成，如图 5-20 所示。加速器产生的高能电子束，通过摆动器内沿长度方向交替变化的磁场时，产生横向摆动，并以光子的形式损失一部分能量。这部分能量转变成激光辐射，通过光学系统输出。具体地，自由电子激光器的工作原理是指由加速器产生的高能电子经偏转磁铁注入到极性交替变换的扭摆磁铁中，电子因做扭摆运动而产生电磁辐射，即光脉冲。光脉冲经下游及上游两反射镜反射而与以后的电子束团反复发生作用，结果使电子沿运动方向群聚成尺寸小于光波波长的微小的束团。这些微束团将它们的动能转换为光场的能量，使光场振幅增大。这个过程重复多次，直到光强达到饱和。作用后的电子则经下游的偏转磁铁偏转到系统之外，形成激光。

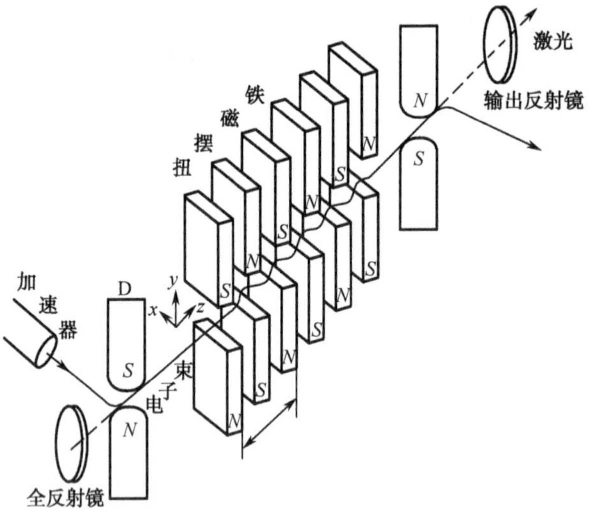

图 5-20　自由电子激光器原理图

自由电子激光器在短波长、大功率、高效率和波长可调节方面有自己独特的优势，为激光学科的研究开辟了一条新途径，它可望用于对凝聚态物理学、材料特征、激光武器、激光反导弹、雷达、激光聚变、等离子体诊断、表面特性、非线性以及瞬态现象的研究，在通信、激光推进器、光谱学、激光分子化学、光化学、同位素分离、遥感等领域，它应用的前景也很可观。

3. 化学激光器

化学激光器是指基于化学反应来建立粒子数反转而产生受激辐射的一类激光器，其工作物质可以是气体或液体，但目前大多数用气体。化学激光器大部分以分子跃迁方式工作，典型波长范围为近红外到中红外谱区。

化学激光器有脉冲和连续两种工作方式，按跃迁机理来分，化学激光器可分为纯转动化学激光器、振转跃迁化学激光器和电子跃迁化学激光器三种。其中，化学激光器中最主要的有氟化氢和氟化氘两种化学激光器。前者可以在 2.6～3.3μm 之间输出 15 条以上的谱线，后者则约有 25 条谱线处于 3.5～4.2μm 之间，这两种器件目前均可实现数兆瓦的输出。其他化学分子激光器包括波长为 4.0～4.7μm 的溴化氢激光器，波长为 4.9～5.8μm 的一氧化碳激光器等。迄今唯一已知的利用电子跃迁的化学激光器是氧碘激光器，它具有高达 40%的能量转换效率，而其 1.3μm 的输出波长则很容易在大气或光纤中传输。

与其他激光器相比，化学激光器有三大特点。第一，化学激光器能将化学能直接转换成激光。与传统的激光器不同，化学激光器在工作时不需要外加激励源进行泵浦，而是利用工作物质本身化学反应中释放出来的能量作为激发能源。因此，在某些特殊的场合，如在高山、野外缺乏电源的地方，化学激光器就显示出独特的优势。第二，化学激光器输出的激光波长丰富。对于化学激光器来说，产生激光的工作物质可以是原来参加化学反应的成分，也可能是反应过程中形成的原子、分子或不稳定的多原子自由基等。通过化学反应能发射激光的化学物质也是多种多样的。因此，化学激光器所能输出的激光波长相当丰富，从紫外到红外，直至微米波段。第三，化学激光器可以获得高功率激光输出。由于在化学反应中蕴藏着巨大的能量，因此化学激光器是最具有希望获得巨大功率输出的一种激光器，已成为激光武器中的佼佼者，它在激光武器、激光核聚变、激光化学和材料加工等方面有着十分广阔和重要的应用前景。

4．染料激光器

染料激光器是一种波长连续可调的激光器，具有波长调谐范围宽、可产生超短脉冲、谱线带宽窄、输出功率高及寿命长等特性，是各种可调谐激光器中（如色心激光器、高压气体激光器、自由电子激光器），技术上较成熟，应用最广泛的一种，已经广泛应用于光谱学、非线性光学、光化学、生物学与医学，以及同位素分离、大气监测等领域。

染料激光器中，每个染料分子都由许多原子组成，其能级结构十分复杂，如图 5-21 所示。从图中不难看出，染料分子能级图为准连续态能级结构。在电子能级中，有单态和三重态，三重态较相应的单态的能级略低。染料分子能级中，每一个单态（S_0、S_1、S_2…）都对应一个三重态（T_1、T_2…）。S_0是基态，其他能级均为激发态。在泵浦光的照射下，大部分染料分子从基态 S_0 激发到 S_1、S_2…上。其中 S_1 态的寿命稍长，因此，其他激发态的分子很快跃迁到 S_1 态的最低振动能级上。这些分子跃迁到 S_0 态上较高的振动能级时，即发出荧光，同时很快地弛豫到最低的振动能级上。如果分子在 S_1 和 S_0 之间产生了粒子数反转，就可能产生激光。

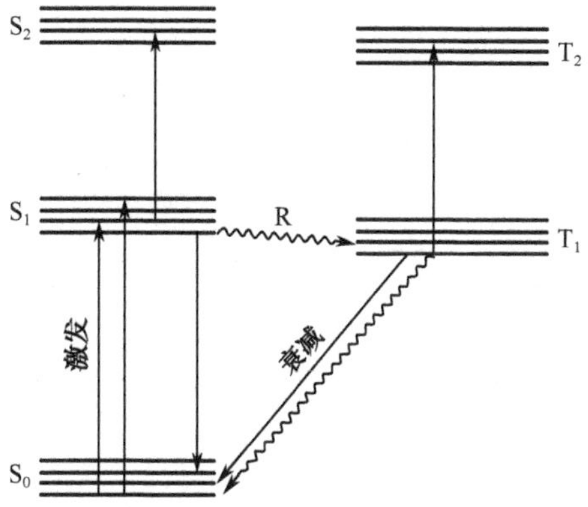

图 5-21 染料分子能级图

通常地，染料激光器有闪光灯脉冲泵浦和激光脉冲泵浦两种方式。其中，泵浦用闪光灯有两种结构，普通直管式和同轴式。激光脉冲泵浦中，能够用于泵浦染料激光器的激光种类很多，主要有氮分子激光器、红宝石激光器、钕玻璃激光器、铜蒸汽激光器和准分子激光器以及这些激光的二次、三次谐波等。目前经常采用的三镜腔式染料激光器结构示意图如图 5-22 所示，泵浦激光穿过激光反射镜照射到染料上，该染料实际是由循环泵形成的染料喷膜，所产生的受激辐射在折叠腔内振荡，形成激光输出。

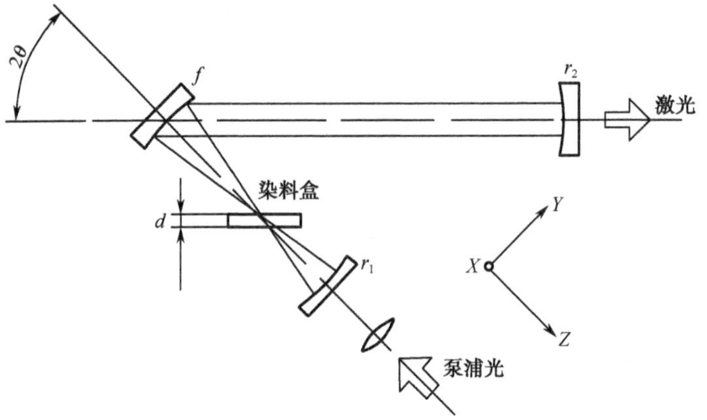

图 5-22　三镜腔式染料激光器

染料激光器与其他激光器相比，其突出特点是激光波长可调谐。为实现精准的调谐和获得较窄的线宽，需要有一个带有波长选择装置的谐振腔。经常采用的波长选择装置有光栅、棱镜、F-P 标准具、双折射滤光片、分布反馈装置、电控调谐元件等。其中，三种典型的调谐系统如图 5-23、图 5-24、图 5-25 所示。

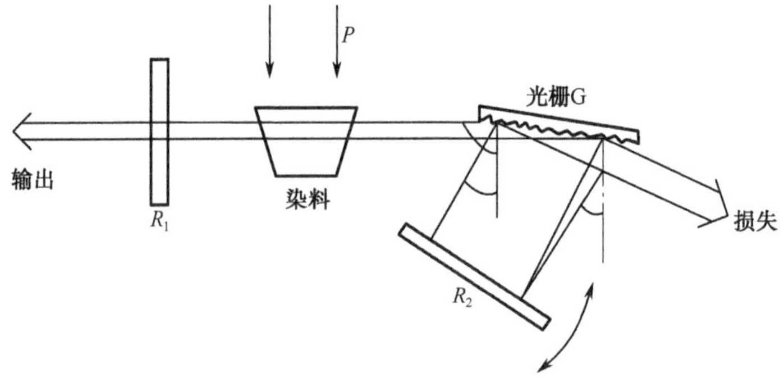

图 5-23　光栅-反射镜调谐腔

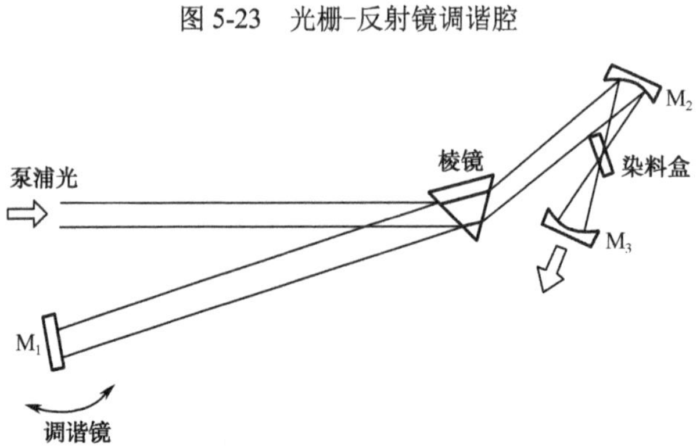

图 5-24　棱镜调谐腔

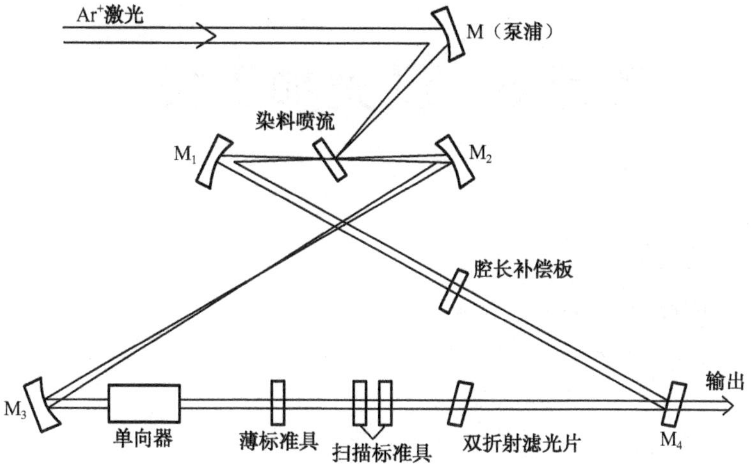

图 5-25 典型染料激光器原理示意图

思考与练习

5-1 简述固体激光器的基本组成。
5-2 简述红宝石激光器的特性。
5-3 简述 YAG 激光器的特点。
5-4 简述光纤激光器的基本原理及特点。
5-5 简述碟片激光器工作的基本过程及两种关键技术。
5-6 简述半导体激光器基本原理及结构。
5-7 简述氦氖激光器基本构成及工作原理。
5-8 简述二氧化碳激光器的基本结构及原理。
5-9 简述氮分子激光器的特点。
5-10 简述氩离子激光器的结构及激发过程。
5-11 简述准分子激光器的泵浦方式及特点。
5-12 简述自由电子激光器的基本构成及基本原理。
5-13 简述化学激光器的三大特点。
5-14 简述染料激光器的原理及调谐系统。

项目 6　激光加工技术

知识目标

- 掌握激光标刻的两种基本原理及标刻方式
- 掌握激光焊接的工作原理及特点
- 掌握激光切割的工作原理及分类
- 了解激光热加工技术

能力目标

- 掌握激光深熔焊接与热传导焊接工作机理及特点
- 能够根据激光加工的效果，评价激光加工的质量

任务 6.1　激光热加工技术

激光热加工指利用激光束投射到材料表面产生的热效应来完成加工过程。激光热加工利用具有较高能量密度的激光束（它是集中的能量流），照射在被加工材料表面上，材料表面吸收激光能量，在照射区域内产生热激发过程，从而使材料表面（或涂层）温度上升，产生变态、熔融、烧蚀、蒸发等现象。光化学加工指当激光束加于物体时，高密度能量光子引发或控制光化学反应的加工过程。其应用主要包括激光焊接、激光切割、表面改性、激光标刻、激光钻孔和微加工等。

1. 激光打标技术

激光打标是利用高能量密度的激光对工件进行局部照射，使表层材料汽化或发生颜色变化的化学反应，从而留下永久性标记的一种打标方法。激光打标可以打出各种文字、符号和图案等，字符大小可以从毫米到微米量级，这对产品的防伪有特殊的意义。

激光打标的原理主要有两种：

（1）热加工

热加工指高能激光束照射在被加工材料表面上，材料表面吸收激光能量，在照射区域内产生热激发过程，从而使材料表面（或涂层）温度上升，产生变态、熔融、烧蚀、蒸发等现象。

（2）冷加工

具有很高能量的（紫外）光子，能够打断材料（特别是有机材料）或周围介质内的化学键，使材料发生非热过程破坏。

这种冷加工在激光标记加工中具有特殊的意义，因为它不是热烧蚀，而是不产生“热损伤”副作用、打断化学键的冷剥离，因而对被加工表面的里层和附近区域不产生加热或热变形等作用。

激光打标设备主要由光源、光路控制系统、工作台部分组成。一般地说，激光打标机是在计算机的控制下，使被打标的工件与激光束产生受控相对运动，激光束就会在工件表面烧蚀出需要的符号和图案。产生这种相对运动可以有两种方式：一种是激光束固定，工件运动；还有一种是工件固定，激光束运动。

对于前一种方式，一般采用两维机械数控（或计算机控制）工作台拖动被打标工件，工件在工作台的拖动下按照事先设计好的轨迹运动，在固定不动的激光束的烧蚀作用下，工件表面就会留下永久的痕迹，如图6-1所示。这种打标方式称为“工作台式”。采用这种方式的打标机最大的优点是价格相对低廉，但受机械运动机构设计的限制打标速度慢，很难进行精细文字及图案的打标（若要实现精细打标，价格低廉的优点将不复存在，现阶段应用较少）。

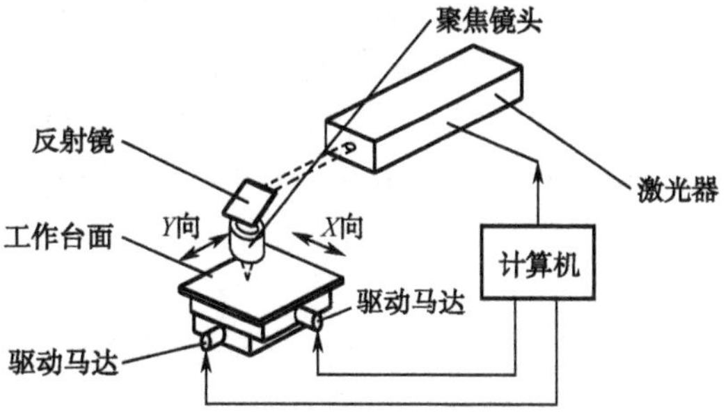

图6-1 激光打标机工作原理示意图

第二种方式就是利用振镜扫描器使激光束发生偏转及运动。由激光器射出的激光束顺序投射到第一、第二振镜扫描器上，它们分别使激光束在平面的 *X*、*Y* 两个方向上扫描，在计算机的控制下，激光束经聚焦透镜聚焦后就会在平面上扫描出所要求的图案，如图 6-2 所示。这种打标方式称为“振镜扫描式”，它的最大优点是打标速度快，打标精细，可以处理各种精细文字、图案的打标；缺点是造价较高，很难扩大打标市场。但由于它打标速度快，打标精细，是现阶段激光打标机的主流产品。

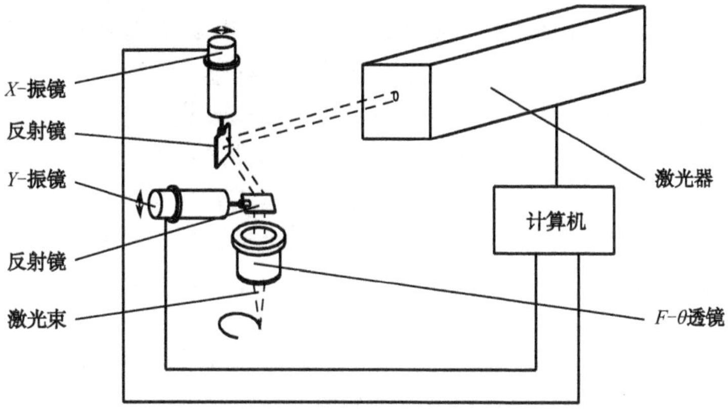

图6-2 “振镜扫描式”激光打标机工作原理示意图

此外，激光打标机还可按照所选用的光源类型来分类，有灯泵浦 Nd:YAG 激光打标机、半导体端面泵浦激光打标机、半导体侧面泵浦激光打标机、光纤激光打标机、紫外激光打标机、CO_2 激光打标机。

2. 激光焊接技术

（1）激光焊接机种类及应用

激光焊接是激光材料加工技术应用的重要方面之一，主要分为脉冲激光焊接和连续激光焊接两种，脉冲激光焊接主要应用于1mm以内薄壁金属材料的点焊和缝焊；连续激光焊接大部分是高功率激光器，主要应用于2mm以上的厚板金属材料的焊接。

激光焊接是一种无接触加工方式，对焊接零件没有外力作用，激光能量高度集中，对金属快速加热、快速冷却，对许多零件热影响可以忽略不计，可认为不产生热变形，或者说热变形极小。能够焊接高熔点、难熔、难焊的金属，如钛合金、铝合金等。激光焊接过程对环境没有污染，在空气中可以直接焊接。与需在真空室中焊接的电子束焊接方法比较，激光焊接工艺简便，焊点、焊缝整齐美观，易于与计算机数控系统或机械手、机器人配合，实现自动焊接，生产效率高。激光焊缝的机械强度往往高于母材的机械强度，这是由于激光焊接时，金属熔化过程对金属中的杂质有净化作用，因而焊缝不仅美观而且强度高于母材。激光焊接不仅能很好地焊接各类金属，而且能焊接非金属、半导体、陶瓷等，并具有焊后热变形量小、焊缝质量好等特点。

（2）激光焊接的原理

按激光光束的输出方式的不同，可以把激光焊分为脉冲激光焊和连续激光焊。若根据激光焊时焊缝的形成特点，又可以把激光焊分为热导焊和深熔焊。前者的激光功率低，熔池形成时间长，且熔深浅，多用于小型零件的焊接；后者的激光功率密度高，激光辐射区金属熔化速度快，在金属熔化的同时伴随着强烈的汽化，能获得熔深较大的焊缝，焊缝的深宽较大，可达12∶1。

① 热传导焊接。

热传导型激光焊接的过程：焊件结合部位被激光照射，金属表面吸收光能而使温度升高，热量按照固体材料的热传导理论向金属内部传播扩散。激光光脉冲宽度、脉冲能量、重复频率等参数不同，使扩散时间、深度也不相同。

激光束作用于金属表面的时间在毫秒量级内，激光与金属之间的相互作用主要是金属对光的反射、吸收。金属吸收光能之后，局部温度升高，同时通过热传导向金属内部扩散。其传播速度、传播状态可用固体热力学所讲述的热传导方程进行分析。

热传导型激光焊接需控制激光功率和功率密度，金属吸收光能后，不产生非线性效应和小孔效应。激光直接穿透深度只在微米量级，金属内部升温靠热传导方式进行。激光功率密度一般在104～105W/cm^{2}量级，使被焊接金属表面既能熔化，又不会汽化，从而使焊件熔接在一起。其特点：激光光斑的功率密度小，很大一部分被金属表面反射，光的吸收率较低，焊接熔深浅，焊接速度慢。主要用于薄（厚度<1mm）、小工件的焊接加工。

② 激光深熔焊接。

激光束作用于金属表面，当金属表面上的功率密度达到107W/cm^{2}以上，这个数量级的入射功率密度可以在极短的时间内使加热区的金属汽化，从而在液态熔池中形成一个小孔，称为匙孔。光束可以直接进入匙孔内部，通过匙孔的传热，获得较大的焊接熔深。

匙孔现象发生在材料熔化和汽化的临界点，气态金属产生的蒸汽压力很高，足以克服液态金属的表面张力并把熔融的金属吹向四周，形成匙孔或孔穴。由于激光在匙孔内的多重反射，匙孔几乎可以吸收全部的激光能量，再经内壁以热传导的方式通过熔融金属传到周围固态金属中去。当工件相对于激光束移动时，液态金属在小孔后方流动、逐渐凝固，形成焊缝，这种焊接机制称为深熔焊，是激光焊接中最常用的焊接模式。图6-3给出了深熔焊接模式的熔池形态。

与激光热传导焊接相比，激光深熔焊接需要更高的激光功率密度，一般需要连续输出的CO_2激光器，激光功率在2000～3000W范围内。图6-4是激光深熔焊接小孔效应的示意图。

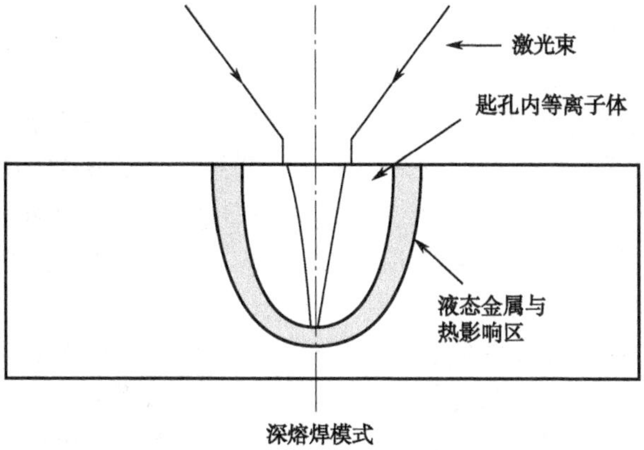

图 6-3 深熔焊接模式的熔池形态

激光深熔焊冶金物理过程与电子束焊极为相似，即能量转换机制是通过“小孔”结构来完成的。在足够高的功率密度光束照射下，材料产生蒸发形成小孔。这个充满蒸汽的小孔犹如一个黑体，吸收几乎全部入射光线的能量，孔腔内平衡温度达 25000℃左右。热量从这个高温孔腔外壁传递出来，使包围着这个孔腔的金属熔化。小孔内充满在光束照射下壁体材料连续蒸发产生的高温蒸汽，小孔四壁包围着熔融金属，液态金属四周围着固体材料。孔壁外液体流动和壁层表面张力与孔腔内连续产生的蒸汽压力相持并保持着动态平衡。光束不断进入小孔，小孔外材料在连续流动，随着光束移动，小孔始终处于流动的稳定态。就是说，小孔和围着孔壁的熔融金属随着前导光束前进速度向前移动，熔融金属填充着小孔移开后留下的空隙并随之冷凝，焊缝于是形成。

3. 激光切割技术

1）激光切割的原理

激光切割是利用经聚焦的高功率密度激光束照射工件，使被照射的材料迅速熔化、汽化、烧蚀或达到燃点，同时借助与光束同轴的高速气流吹除熔融物质，从而将工件割开。激光切割属于热切割方法之一，其原理如图 6-5 所示。

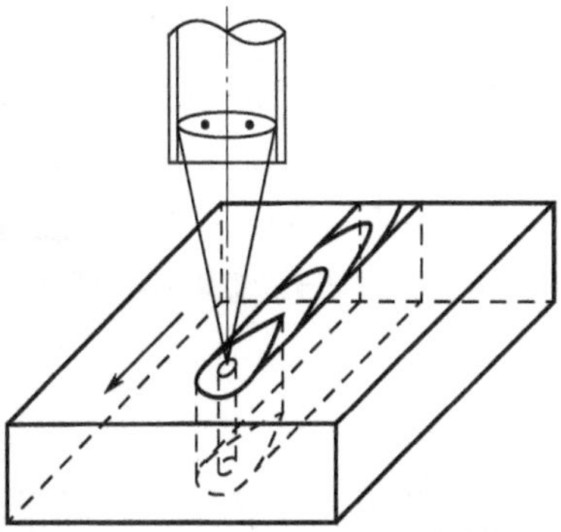

图 6-4 激光深熔焊小孔效应示意图

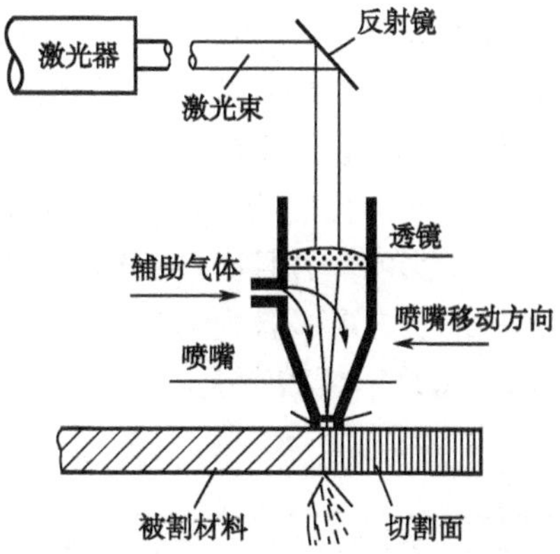

图 6-5 激光切割的原理图

2）激光切割的分类

激光切割可分为激光汽化切割、激光熔化切割、激光氧气切割和激光划片与控制断裂四类。

（1）激光汽化切割

利用高能量密度的激光束加热工件，使温度迅速上升，在非常短的时间内达到材料的沸点，材料开始汽化，形成蒸汽。这些蒸汽的喷出速度很大，在蒸汽喷出的同时，在材料上形成切口。材料的汽化热一般很大，所以激光汽化切割时需要很大的功率和功率密度。激光汽化切割多用于极薄金属材料和非金属材料（如纸、布、木材、塑料和橡皮等）的切割。

（2）激光熔化切割

激光熔化切割时，用激光加热使金属材料熔化，然后通过与光束同轴的喷嘴喷吹非氧化性气体（Ar、He、N_2 等），依靠气体的强大压力使液态金属排出，形成切口。激光熔化切割不需要使金属完全汽化，所需能量只有汽化切割的 1/10。激光熔化切割主要用于一些不易氧化的材料或活性金属的切割，如不锈钢、钛、铝及其合金等。

（3）激光氧气切割

激光氧气切割原理类似于氧乙炔切割。它是用激光作为预热热源，用氧气等活性气体作为切割气体。喷吹出的气体一方面与切割金属作用，发生氧化反应，放出大量的氧化热；另一方面把熔融氧化物和熔化物从反应区吹出，在金属中形成切口。由于切割过程中的氧化反应产生了大量的热，所以激光氧气切割所需要的能量只是熔化切割的 1/2，而切割速度远远大于激光汽化切割和熔化切割。激光氧气切割主要用于碳钢、钛钢及热处理钢等易氧化的金属材料。

（4）激光划片与控制断裂

激光划片是利用高能量密度的激光在脆性材料的表面进行扫描，使材料受热蒸发出一条小槽的，然后施加一定的压力，脆性材料就会沿小槽处裂开。激光划片用的激光器一般为 Q 开关激光器和 CO_2 激光器。

控制断裂是利用激光刻槽时所产生的陡峭的温度分布，在脆性材料中产生局部热应力，使材料沿小槽断开的。

激光切割与其他热切割方法相比较，总的特点是切割速度快、质量高。具体概括为如下几个方面。

（1）切割质量好

由于激光光斑小、能量密度高、切割速度快，因此激光切割能够获得较好的切割质量。激光切割切口细窄，切缝两边平行并且与表面垂直，切割零件的尺寸精度可达±0.05mm。切割表面光洁美观，表面粗糙度只有几十微米，甚至激光切割可以作为最后一道工序，无须机械加工，零部件可直接使用。材料经过激光切割后，热影响区宽度很小，切缝附近材料的性能也几乎不受影响，并且工件变形小，切割精度高，切缝的几何形状好，切缝横截面形状呈现较为规则的长方形。激光切割、氧乙炔切割和等离子切割方法的比较如表 6-1 所示，切割材料为 6.2mm 厚的低碳钢板。

表 6-1　几种切割方法比较

切割方法	切缝宽度/mm	热影响区宽度/mm	切缝形态	切割速度	设备费用
激光切割	0.2～0.3	0.04～0.06	平行	快	高
氧乙炔切割	0.9～1.2	0.6～1.2	比较平行	慢	低
等离子切割	3.0～4.0	0.5～1.0	楔形且倾斜	快	中高

（2）切割效率高

由于激光的传输特性，激光切割机上一般配有多台数控工作台，整个切割过程可以全部实现数控。操作时，只需改变数控程序，就可适用不同形状零件的切割，既可进行二维切割，又可实现三维切割。

（3）切割速度快

用功率为1200W的激光切割2mm厚的低碳钢板，切割速度可达600cm/min；切割5mm厚的聚丙烯树脂板，切割速度可达1200cm/min。材料在激光切割时不需要装夹固定，既可节省工装夹具，又节省了上、下料的辅助时间。

（4）非接触式切割

激光切割时割具与工件无接触，不存在工具的磨损。加工不同形状的零件，不需要更换“刀具”，只需改变激光器的输出参数。激光切割过程噪声低，振动小，无污染。

（5）切割材料的种类多

与氧乙炔切割和等离子切割比较，激光切割材料的种类多，包括金属、非金属、金属基和非金属基复合材料、皮革、木材及纤维等。但是对于不同的材料，由于自身的热物理性能及对激光的吸收率不同，表现出不同的激光切割适应性。

（6）缺点

激光切割由于受激光器功率和设备体积的限制，激光切割只能切割中、小厚度的板材和管材，而且随着工件厚度的增加，切割速度明显下降。激光切割设备费用高，一次性投资大。

4．其他激光热加工技术

（1）激光表面相变硬化（表面淬火）

激光表面相变硬化是激光扫描快速加热材料（高于相变温度），激光移开材料快速冷却，改变了材料表层金相组织结构，使晶粒细化，硬度与耐磨度提高。其特点：

① 速度快，效率高；

② 表层变细马氏体硬度高，耐磨性高，内部基质保持韧性；

③ 热影响区小，热应力小，工件变形小；

④ 适应性广，可加工复杂零件和局部淬火；

⑤ 不需后续工序，工艺周期短，自动化程度高。

其适用于铸铁、碳钢、工具钢、模具钢、合金钢等的淬火，如导轨、刀片、活塞环、发动机缸套、缸体、各种轴类、各种模具等，使用寿命大大提高。

（2）激光熔覆

激光熔覆是在基材表面涂覆特殊合金粉末或同步随送粉末或线材，利用高能激光束使其快速熔凝，在基材表面形成与基材相互熔合的具有完全不同成分与性能的高性能合金覆层，耐磨，耐腐蚀，耐疲劳，抗氧化。

（3）激光表面合金化

激光表面合金化是把合金元素或化合物直接涂布在基体材料表面，在高能激光加热下迅速熔化、混和，使合金元素或化合物均匀分散并熔渗于熔化层内，形成具有特定化学成分或组成相的新表面合金覆盖薄层，它与基体有很强的结合力，具有耐磨耐蚀耐高温的优异特性。

（4）激光快速成型

为了能对市场变化做出敏感响应，国外于20世纪80年代末发展了一种全新的制造技术，即所谓快速成型技术（Rapid Prototyping，RP）。与传统的制造方法不同，这种高新制造技术采用逐渐增加材料的方法（如凝固、胶接、焊接、激光烧结、聚合或其他的化学反应）来形成所需的零件形状，故也称为增材制造法（Material Increase Manufacturing，MIM）。

常见的激光快速成型技术主要有以下几种：

① 立体光造型技术。

立体光造型技术又称光固化快速成型技术，是一种最早商品化、市场占有率最高的快速成型技术。现在，这种机器已是一种流行的产品，日本、德国、比利时等国都投入了大量的人力、物力研究该技术，并不断有产品问世。我国西安交通大学也研制成功了立体光造型机LPS600A，并且在该机器上制造出了零件。

② 选择性激光烧结技术。

选择性激光烧结技术与立体光造型技术很相似，也是用激光束来扫描各原材料，但用粉末物质代替了液态光聚合物。选择性激光烧结技术的基本原理示意图如图 6-6 所示。CO_2 激光束在计算机控制下，以一定的扫描速度和能量在选定的扫描轨迹上作用于粉末材料（尼龙、塑料、金属、陶瓷的包衣粉末或粉末的混合物），有选择地熔化粉末，使粉末黏结固化而形成一个层面。未被烧结的粉末作为支撑材料，然后由电机驱动，使粉末固结面下降一定的高度，铺上一定厚度的新粉末后重复以上工序，直到形成整个零件。选择性激光烧结技术具有原材料选择广泛和不需特殊支撑，多余材料易于清理，应用范围广等特点，适合于多种材料、多种用途原型及功能零件的制造。

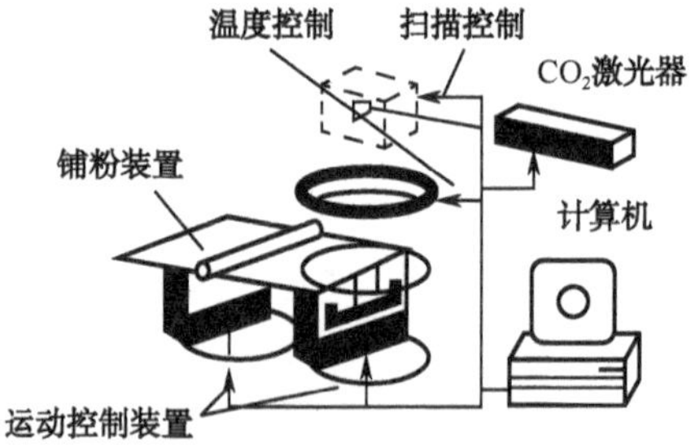

图 6-6　选择性烧结技术原理示意图

③ 激光熔覆成型技术。

激光熔覆成型（Laser Cladding Forming，LCF）技术，是近年来研制成功的一种新的快速成型技术。它的热加工原理与激光熔覆相同，而成型原理和其他的快速成型技术相同。用计算机生成待制作零件的 CAD 模型，对该 CAD 模型进行切片处理，并且生成每一层的扫描轨迹，通过数控工作台的运动实现激光熔覆。被熔覆的粉末通过送粉装置用气体输送，逐层叠加熔覆粉末，最终成型出所需形状的零件。与其他快速成型技术的区别在于，它能够成型出非常致密的金属零件，零件的强度达到甚至超过常规铸造或锻造方法生产的零件，因而具有良好的应用前景。激光熔覆成型技术原理示意图如图 6-7 所示。

④ 激光近形制造技术。

激光近形制造（Laser Engineering NetShaping，LENS）技术，将快速成型技术中的选择性激光烧结技术和激光熔覆成型技术结合了起来。在选择性激光烧结技术中所用的金属粉末，目前流行的有三种形式：单一金属、金属加低熔点金属黏结剂及金属加有机黏结剂。不管使用哪种形式的粉末，激光烧结后的金属零件的密度都比较低（一般只能达到 50%的密度）。

实际获得的只是一种多孔隙金属零件，其强度较低。欲提高零件强度，必须通过后处理工序，如浸渗树脂、低熔点金属或进行热等静压处理。但这些后处理工序会改变金属零件的性能和精度，同时失去了快速激光成型技术的特点。在激光熔覆成型技术中，金属粉末通过送粉装置送入激光辐射形成的熔池中，激光将金属粉末加热熔化并与基体形成冶金结合。因此，激光熔覆形成的金属零件非常致密，性能优良。而激光近形制造技术既保持了选择性激光烧结技术成型零件的优点，又克服了其成型零件密度低、性能差的缺点。

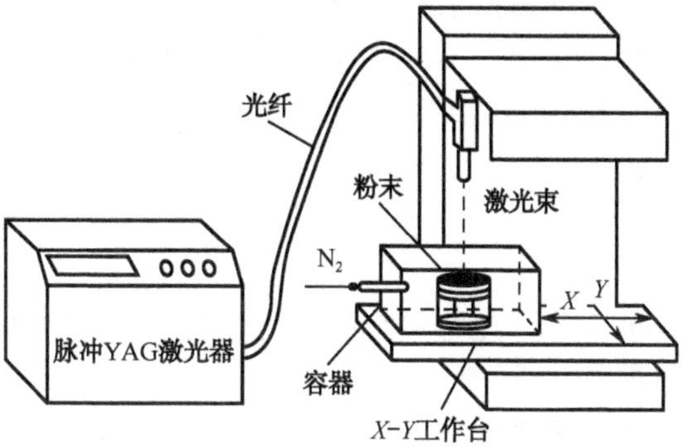

图 6-7　激光熔覆成型技术原理示意图

⑤ 薄片叠层制造技术。

薄片叠层制造技术是一种常用来制作模具的新型快速成型技术。其工作原理：首先用大功率激光束切割金属薄片，然后将多层薄片叠加，并使其形状逐渐发生变化，最终获得所需原型（模具）的立体几何形状。薄片叠层制造技术原理示意图如图 6-8 所示。

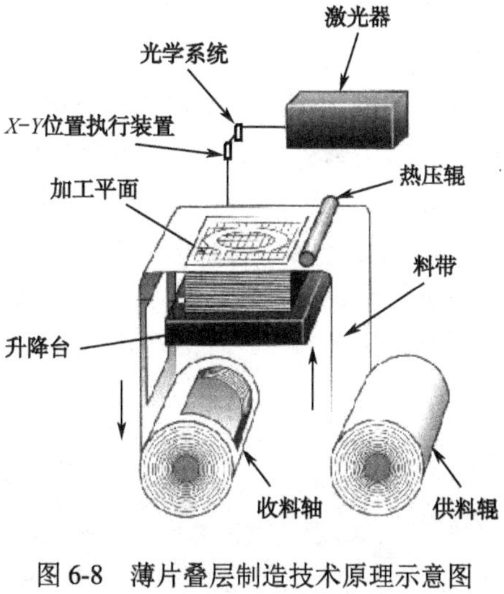

图 6-8　薄片叠层制造技术原理示意图

该技术由于各薄片间的固结简单，故用叠层法制作冲模，其成本约为传统方法的一半，生产周期大大缩短；用来制作复合模、塑料模、级进模等，经济效益也甚为显著。该技术在国外已经得到了广泛的使用。

任务 6.2 激光冷加工技术

激光冷加工技术是近几年才出现的一种高新技术设备，采用具有很高负荷能量的光子（这中光子一般被称为紫外 355nm 的光源），能够对材料或周围介质内的化学键进行修改，使材料发生非热过程破坏。这种加工在激光标记加工中具有特殊的意义，因为采用的是低温，箱底热烧蚀温度更低，因此不产生“热损伤”副作用达到冷剥离，因而对被加工表面的里层和附近区域不产生加热或热变形等作用；所以这种不采用高温蒸发的加工形式被成为冷加工，这种加工技术目前主要形式是紫外激光加工技术。

6.2.1 紫外激光打标技术

（1）紫外激光打标技术原理

具有很高能量的（紫外）光子，能够打断材料（特别是有机材料）或周围介质内的化学键，使材料发生非热过程破坏。

这种冷加工在激光标记加工中具有特殊的意义，因为它不是热烧蚀，而是不产生“热损伤”副作用、打断化学键的冷剥离，因而对被加工表面的里层和附近区域不产生加热或热变形等作用。

紫外激光打标的特点：

① 非接触加工，无作用力，几乎无热影响区。

② 可打各种文字、图形、日期、编码等，标记精细，质量高。

③ 可在各种材料上打标。

④ 可在各种形状工件上打标。

⑤ 速度快，可在移动生产线上做飞动打标。

紫外激光打标的应用范围基本能涵盖所有红外激光打标的应用，尤其是近年来手机、平板电脑及智能穿戴产品的热销也带动了紫外打标事业的发展，同时也让消费电子（3C）产品表面标记进入一个紫外的时代。3C 产品由于其产品材质的特殊性，对于光斑的高要求，传统的红外光纤打标机无法满足要求，特别是 UV 材料的产品，对于光源的吸收性更是挑剔。紫外激光器显现了它独有的优势，光源更冷，光斑质量更高，可以标记的线宽更窄，热影响更小。未来电子产品的发展会更倾向于精细加工，而紫外激光器正好能满足行业需求，如图 6-9 所示。

图 6-9 紫外激光打标技术在消费电子行业的应用

（2）电子元器件紫外激光打标

众所周知，许多产品都需要进行喷码标识等，电子元件也不例外。但是由于电子元件的面积十分细小，如果选择传统的刀模雕刻或者喷墨则会易出现不精准或者标识不持久等情况。所以，只有先进的激光打标技术才能满足现时代的发展需求。

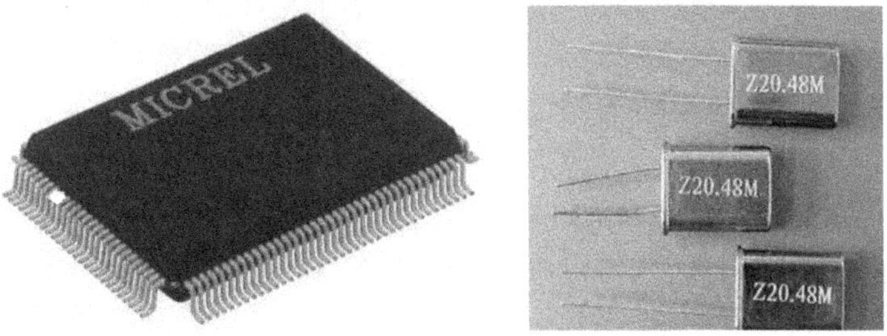

图 6-10 紫外激光在电子元器件打标上的应用

（3）食品药品包装表面打标

随着人民生活水平的不断提高，对于食品药品安全意识也不断提高。尤其是近年来国家对于食品药品的安全监督也在不断加大力度。一直以来产品生产日期的可涂改性也为广大人民所诟病，很多食品药品在过期后又重新回炉涂改生产日期后再上市销售。小作坊的做法也让很多大厂蒙受不白之冤。紫外激光打标在食品药品行业的应用让食品药品的生产日期无法涂改，如图 6-10 所示。不单让食品药品更安全，也让生产消费者对于生产厂家更信赖。

图 6-11 紫外激光打标技术在食品药品包装行业的应用

6.2.2 紫外激光切割技术

随着半导体技术向轻薄短小的趋势发展，IC 的封装也起了很大的变化。如记忆体 IC，已由早期的单一芯粒（chip）变成多层芯粒堆栈的封装，一颗 IC 里叠了 7、8 层芯粒，韩国三星半导体公司稍早更公开展示了其超薄晶圆的封装技术已达 16 层的堆栈，而封装后的尺寸还要比原来同容量的 IC 更小。因此芯片的厚度也由 650μm 一路减薄至 120、100、75、50、25、20μm。当厚度降到 100μm 以下，传统的划片技术已经出现问题，产能节节下降，破片率大幅攀升。芯片在此阶段价值不菲，几个百分点的破片率可能吃掉工厂辛苦创造的利润。

另外，晶圆的制造技术中，为了提升效能，采用了 low-k 材料，在其结构中有多层的金属和一些易碎的材料。当传统钻石刀片遇到这些延展性高的金属层，钻石颗粒极易被金属屑包住而失去部分切削能力，在此情况下进刀，极易造成破片或断刀。

其实，除了先进的 IC 之外，在以蓝宝石为衬底的高亮度 LED 晶圆的划片上，亦存在严重的问题。传统的蓝宝石晶圆的划片主要有 2 种方式：用钻石笔或钻石刀片。在蓝宝石晶圆上先划很浅的线，再裂片。由于蓝宝石材质本身相当硬，无论选哪种方式，工具的损耗都非常严重；裂片后，整体良品率也不高。这些长期困扰 LED 界的问题，现在随着激光划片系统的运用，已大为改善。

激光晶圆划片其实在多年前已被使用，光源多为 1064nm 的 Nd:YAG，在某些低阶应用方面的品质尚可接受，但在集成电路的加工处理中，由于其过大的热影响区、污染严重、热变形严重等缺陷，始终无法被认可。近年来，紫外激光技术渐趋成熟，其切割质量比 1064nm 的激光源改进很多，特别是在蓝宝石晶圆的划片应用中，其优势极为明显，已渐成为业界主流解决方案。

划片切割采用脉冲激光在材料上沿直线打一系列互相衔接的盲孔，孔的深度只需要材料厚度的 1/2～1/3，由于应力集中，稍加力，材料很容易准确地沿此线折断，这就是所谓的激光划片。紫外激光指波长为 100～400nm 的激光，它有两个非常好的特点：一是波长短，光子能量大；二是光束汇聚质量好。由于紫外激光波长短、能量集中，因此其加工半导体材料是直接破坏连接物质原子/分子的化学键，从而将物质分离成原子/分子的加工过程，选择合适的激光参数，激光加工过程中几乎不产生多余热量。该特性使紫外激光器成为加工蓝宝石等硬脆材料的理想工具。再加上紫外激光能被大多数材料有效吸收以及具有良好的聚焦性能，可在很小的空间区域内进行高精度微细加工，因此，紫外激光划切技术是目前划切以蓝宝石、氮化镓、碳化硅等硬脆材料为衬底的高亮度 LED 晶圆的最有效方法之一，如图 6-12 所示。

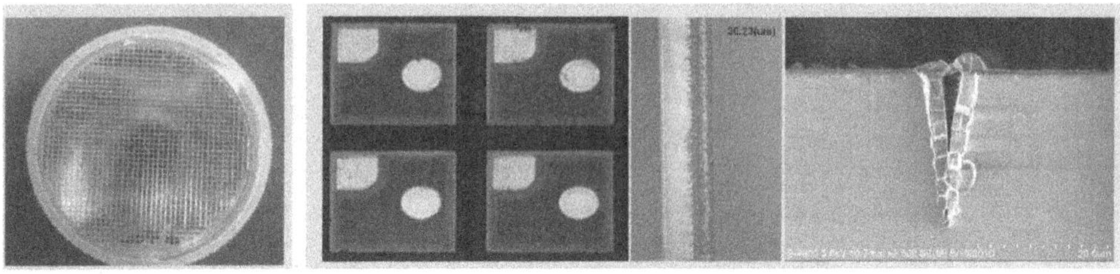

图 6-12　紫外激光加工技术切割晶圆

6.2.3　紫外激光固化技术

紫外激光光固化（又称“光敏树脂选择性固化”），是采用立体雕刻（Stereolithography）原理的一种工艺，简称 SLA，是最早出现的一种快速成型技术。SLA 立体光固化成型法最早于 20 世纪 70 年代末到 80 年代初期，由美国 3M 公司的 Alan J.Hebert、日本的小玉秀男、美国 UVP 公司的 Charles W.Hull 和日本的丸谷洋二，在不同的地点提出了 RP 的概念，即利用连续层的选区固化产生三维实体的新思想。1986 年，UVP 公司 Charles W.Hull 制作的 SLA-1 获得专利。早期的光固化形式是利用光能的化学和热作用可使液态树脂材料产生变化的原理，对液态树脂进行有选择地光固化，就可以在不接触的情况下制造所需的三维实体模型，利用这种光固化的技术进行逐层成型的方法，称之为光固化成型法，简称 SLA。

激光固化成型的基本原理如图 6-13 所示，液槽中盛满液态光敏树脂，氦-镉激光器或氩离子激光器发出的紫外激光束在控制系统的控制下按零件的各分层截面信息在光敏树脂表面进行逐点扫描，使被扫描区域的树脂薄层产生光聚合反应而固化，形成零件的一个薄层。一层固化完毕后，工作台下移一个层厚的距离，以使在原先固化好的树脂表面再敷上一层新的液态树脂，刮板将黏度较大的树脂液面刮平，然后进行下一层的扫描加工，新固化的一层牢固地黏结在前一层上，如此重复直至整个零件制造完毕，得到一个三维实体原型。

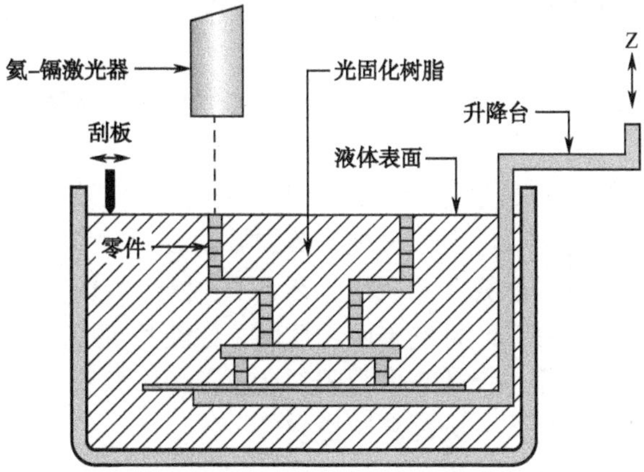

图 6-13 紫外激光固化快速成型的工艺原理

紫外激光固化成型技术制成的零件模型如图 6-14 所示。

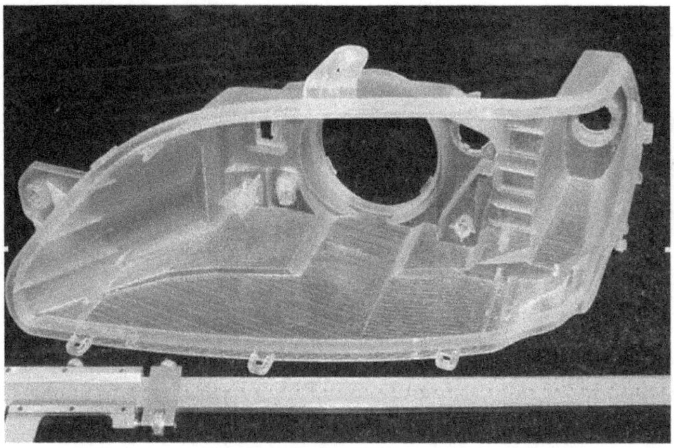

图 6-14 紫外激光固化成型技术制成的零件模型

SLA 技术的优点：

① 成型过程自动化程度高：SLA 系统非常稳定，加工开始后，成型过程可以完全自动化，直至原型制作完成。

② 尺寸精度高：SLA 原型的尺寸精度可以达到±0.1mm。

③ 优良的表面质量：虽然在每层固化时侧面及曲面可能出现台阶，但上表面仍可得到玻璃状的效果。

④ 可以制作结构十分复杂、尺寸比较精细的模型。

⑤ 可以直接制作面向熔模精密铸造的具有中空结构的消失型。

⑥ 制作的原型可以一定程度地替代塑料件。

SLA 技术的缺点：

① 制件易变形，成型过程中材料易发生物理和化学变化。

② 较脆，易断裂性能尚不如常用的工业塑料。

③ 设备运转及维护成本较高，液态树脂材料和激光器的价格较高。

④ 可使用的材料较少，目前可用的材料主要为感光性的液态树脂材料。

⑤ 液态树脂有气味和毒性，并且需要避光保护，以防止提前发生聚合反应，选择时有局限性。

⑥ 需要二次固化，经快速成型系统光固化后的原型树脂并未完全被激光固化。

SLA 技术发展趋势：

① 立体光固化成型法要向高速化、节能环保与微型化方向发展。

② 提高加工精度，向生物、医药、微电子等领域发展。

③ 不断完善现有的技术，研究新的成型工艺。

④ 开发新的成型材料，提高制件的强度、精度、性能和寿命。

⑤ 研制经济、精密、可靠、高效、大型的制造设备、大型覆盖件及其模具。

⑥ 开发功能强大的数据采集、处理和监控软件。

⑦ 拓展新的应用领域，如产品设计、快速模具制造等应用到医疗、考古等领域。

6.2.4 紫外激光光刻技术

（1）光刻技术

光刻技术是指集成电路制造中利用光学—化学反应原理和化学、物理刻蚀方法，将电路图形传递到单晶表面或介质层上，形成有效图形窗口或功能图形的工艺技术。它包括光复印和刻蚀工艺两个主要方面。

① 光复印工艺：经曝光系统将预制在掩模板上的器件或电路图形按所要求的位置，精确传递到预涂在晶片表面或介质层上的光致抗蚀剂薄层上。

② 刻蚀工艺：利用化学或物理方法，将抗蚀剂薄层未掩蔽的晶片表面或介质层除去，从而在晶片表面或介质层上获得与抗蚀剂薄层图形完全一致的图形。集成电路各功能层是立体重叠的，因而光刻工艺总是多次反复进行的。

（2）紫外激光光刻加工过程

紫外激光光刻原理是利用光致抗蚀剂（或称光刻胶）感光后因光化学反应而形成耐蚀性的特点，将掩模板上的图形刻制到被加工表面上。其加工主要包括以下几个步骤：

① 底膜处理。底膜处理是光刻工艺的第一步，其主要目的是对底膜表面进行处理，以增强其与光刻胶之间的粘附性，主要包含清洗、烘干、增粘处理几个步骤，如图 6-15 所示。

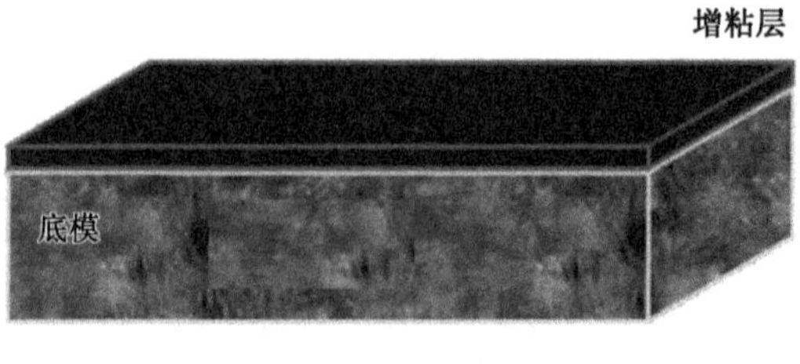

图 6-15　底膜处理

② 掩模板制作。把要加工的图形制作成透光衬底上的金属膜（吸收体）图形，如图 6-16 所示即为掩模。

对不同的曝光光源，掩模的衬底和吸收体材料不一样。紫外光刻掩模的衬底一般是石英材料，吸收体为金属铬。

③ 涂胶。进行底模处理后，便可进行涂胶，即在底模上涂一层粘附良好、厚度适当、均

匀的光刻胶，如图 6-17 所示。一般采用旋转法进行涂胶，其原理是利用底模转动时产生的离心力，将滴于模上的胶液甩开。在光刻胶表面张力和旋转离心力的共同作用下，最终形成光刻胶膜。

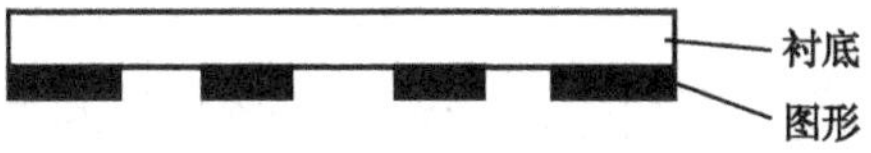

图 6-16 紫外激光光刻掩模板

图 6-17 涂胶

光刻胶是一种对某些波长感光灵敏的记录材料。曝光后的光刻胶，经显影后形成浮雕图形，分正胶和负胶两种。

正胶：曝光时，受光照的部分，光刻胶与光起光化学反应，使光刻胶的大分子链断裂，显影时容易溶于显影液。显影后的光刻胶图形与掩模板一致。

负胶：曝光时，受光照的部分，光刻胶与光起交联反应，使光刻胶的分子连接起来，显影时未曝光的部分易溶于显影液。显影后的光刻胶图形与掩模板图形相反，如图 6-18 所示。

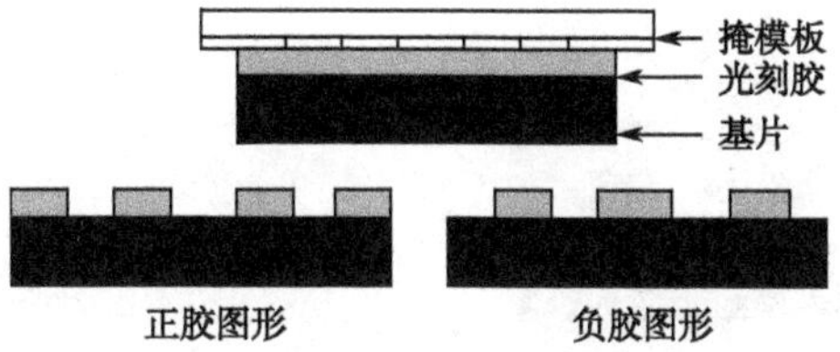

图 6-18 显影后的正负光刻胶图形

④ 前烘。又称软烘，就是在一定的温度下，使光刻胶膜里面的溶剂缓慢、充分地逸出来，使光刻胶膜干燥。

⑤ 曝光。曝光就是对涂有光刻胶的基片进行选择性的光化学反应，使接受到光照的光刻胶的光学特性发生改变，如图 6-19 所示。

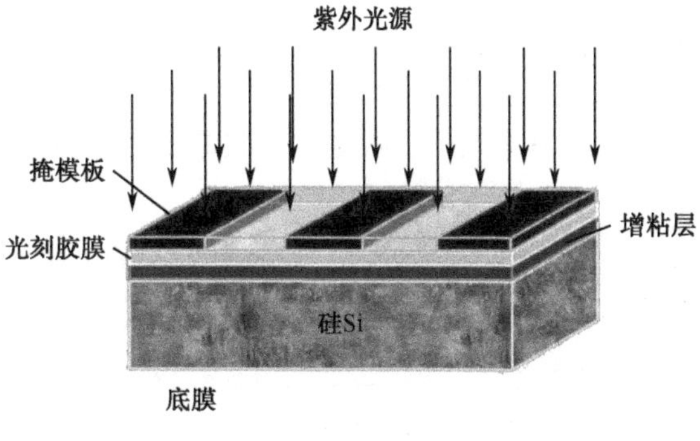

图 6-19 曝光

⑥ 显影与坚膜。显影就是用显影液溶解掉不需要的光刻胶，将光刻掩模板上的图形转移到光刻胶上，如图 6-20 所示。显影液的选择原则：对需要去除的那部分光刻胶膜溶解得快，溶解度大；对需要保留的那部分光刻胶膜溶解度极小。坚膜也是一个热处理步骤，坚膜的目的就

是使残留的光刻胶溶剂全部挥发，提高光刻胶与衬底之间的粘附性及光刻胶的抗腐蚀能力。

（a）显影　　（b）坚膜

图 6-20　显影与坚膜

⑦ 刻蚀。刻蚀就是将涂胶前所沉积的薄膜中没有被光刻胶覆盖和保护的那部分去除掉，达到将光刻胶上的图形转移到其下层材料上的目的，如图 6-21 所示为 SiO_2 和 Poly 的刻蚀。

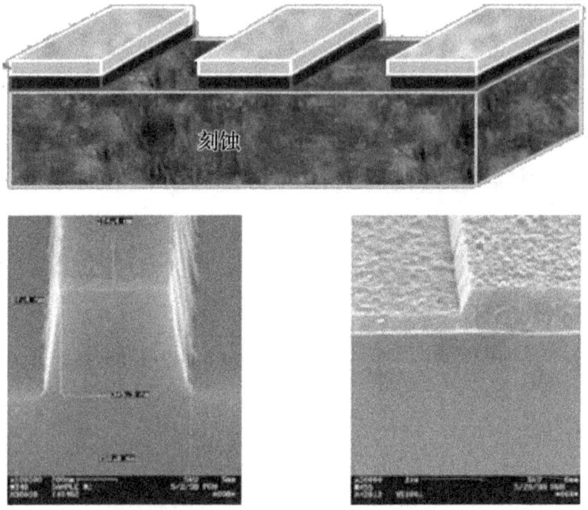

（a）SiO_2刻蚀　　（b）Poly刻蚀

图 6-21　SiO_2 和 Poly 的刻蚀

⑧ 去胶。当刻蚀完成后，光刻胶膜已经不再有用，需要将其彻底去除，完成这一过程的工序就是去胶。此外刻蚀过程中残留的各种试剂也要清除掉。去胶结束，整个光刻流程也就结束了。

任务 6.3　超快激光加工技术

随着激光技术飞速发展，超快激光出现在了人们的视线之中，它具备独特的超短脉冲、超强特性，能以较低的脉冲能量获得极高的峰值光强。

超快激光的定义：（1）具有极短的激光脉冲，脉冲持续时间只有几个皮秒或飞秒。目前超快激光加工主要就是飞秒激光加工。（2）具有极高的峰值功率，其电场远远强于原子内库仑场，具有极高的电场强度，足以使任何材料发生电离。

6.3.1　超快激光加工的特点及应用

1）超快激光加工的特点

与长脉冲激光相比，超快激光的显著特点就是窄脉宽和高峰值功率，这两个特点决定了飞秒激光进行微加工时具有以下特点。

（1）超快激光加工是一种冷加工，超快脉冲的持续时间小于晶格的热传导时间。在与材料相互作用的时候，能量被控制在一个极小的范围内，材料直接由固态变为等离子体态，热量被等离子体的喷射过程带走，热扩散对加工区域周围的材料影响比较小，与长脉冲激光加工相比，超快激光加工的结构边缘更加整齐和清洁，如图 6-22 所示。从图中可以看出，超快激光加工出来的微孔，边缘清晰，清洁度好。

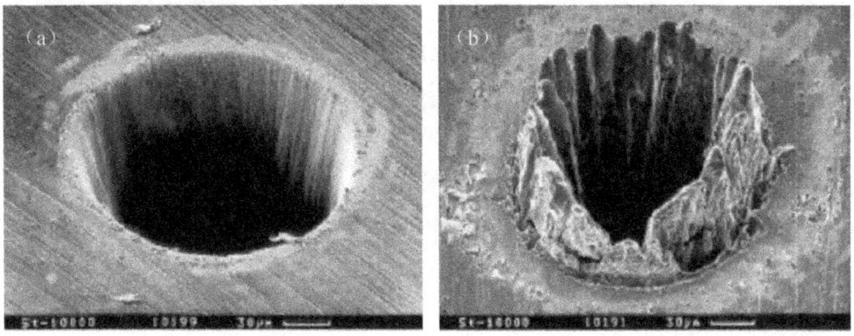

图 6-22 超快激光加工和纳秒激光加工微孔孔洞边缘

（2）超快激光加工技术可以对包括透明材料在内的多种材料进行加工，激光对透明材料加工的过程是一个雪崩电离的过程。雪崩电离过程是种子电子在吸收了光子的能量以后，会获得很大的动能，然后与周围的原子或者离子碰撞产生二次电子，这样电子就像发生雪崩一样成倍增加。利用长脉冲激光加工透明材料时，透明材料中杂质的自由电子作为种子电子引发雪崩电离，超快激光在对材料进行加工的时候，聚焦强度很高，可以通过多光子吸收使得透明材料内部的分子直接电离出电子，这些电子可以作为雪崩电离的种子电子。图 6-23 是单光子吸收和多光子吸收雪崩电离的示意图，图（a）所示是单光子吸收雪崩电离，图（b）所示是多光子吸收雪崩电离。二者的主要区别就是单光子吸收雪崩电离需要自由电子作为种子电子，而多光子吸收雪崩电离是通过多光子吸收直接从分子中电离出电子作为种子电子的，因此超快激光要比长脉冲激光更适合于进行透明材料的加工。

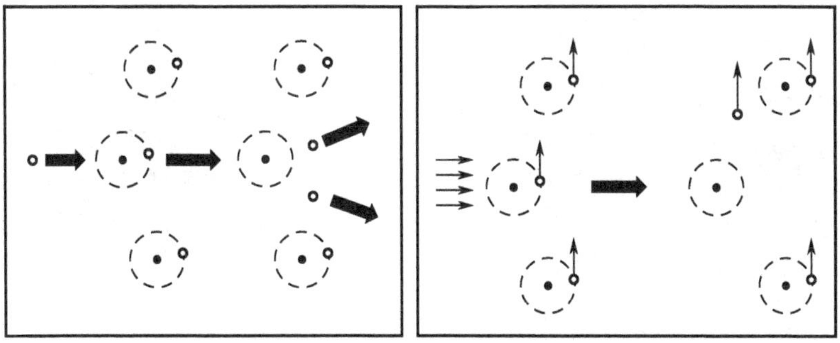

(a) (b)

图 6-23 单光子吸收和多光子吸收雪崩电离示意图

（3）材料的加工阈值精确。对于不同种类的材料，利用超快激光进行加工时，都有比较准确的阈值。长脉冲激光进行透明材料加工时，需要靠杂质提供自由电子作为雪崩电离的种子电子，杂质在材料中的分布是不均匀的，这就导致长脉冲激光加工材料不同区域时阈值会有一些差别，这会对加工结果的精确度造成影响。超快激光加工是通过多光子吸收产生种子电子的，同一种材料的多光子吸收阈值是比较精确的，精确的阈值使进行超快激光加工的时候可以通过控制激光的强度来准确控制激光作用过程的发生。最后，超快激光加工可以实现空间分辨率很高的三维加工。长脉冲激光加工的过程是以单光子吸收为主，从表面开始进行的，加工的精度要受到衍射极限的限制。超快激光加工过程以非线性的多光子吸收为主，非线性光学效应的发生和光强度有直接联系。通过控制超快激光的强度可以使光强度只在焦点附近达到多光子吸收的阈值，这样加工的分辨率只和焦点的大小有关。在精确控制激光功率的条件下，利用激光在横截面内光强呈高斯分布的特性，将激光功率调节到正好等于或略高于烧蚀阈值，则只有高于烧蚀阈值的部分产生烧蚀，可以突破衍射极限的限制，进行低于衍射极限的亚微米加工。同时，还可以通过控制焦点的位置在材料内部进行加工，实现真正的三维加工。

2）超快激光加工的应用

在过去的十几年中，随着飞秒激光技术日益成熟，超快激光加工得到了很多应用，主要包括以下几个方面。

（1）利用超快激光对材料表面进行烧蚀加工。这方面的应用主要包括对金属、陶瓷、高分子材料及硅片等的微细加工。图 6-24 是利用波长 245nm、单脉冲能量 10mJ、脉宽 500fs 的激光，输出 50 个脉冲在 Al_2O_3 上加工的烧蚀坑凹，坑的边缘很清晰，清洁度也很好，熔化再凝固而形成的污染很少。飞秒激光对材料表面的加工技术因为热效应小等优势已经在工业上得到了很多的应用。例如，在发动机的喷嘴上打孔、制造热电堆、拆除退役的火箭和炮弹、制作芯片等。

（2）飞秒激光纳米颗粒的制备。纳米颗粒是指介于单个原子或分子和宏观大颗粒之间，通常其粒径在 1nm～100nm 的微小颗粒，因具有与其宏观材料不同的独特的物理、化学特性，如量子限域效应、小尺寸效应、表面效应和界面效应等，已经广泛应用于活性催化剂、非线性光学、微型光电器件和材料科学等领域。应用飞秒激光对块状金属的消融作用可以制备纯度比较高的纳米颗粒。图 6-25 是利用飞秒激光制备的金属镍纳米颗粒。

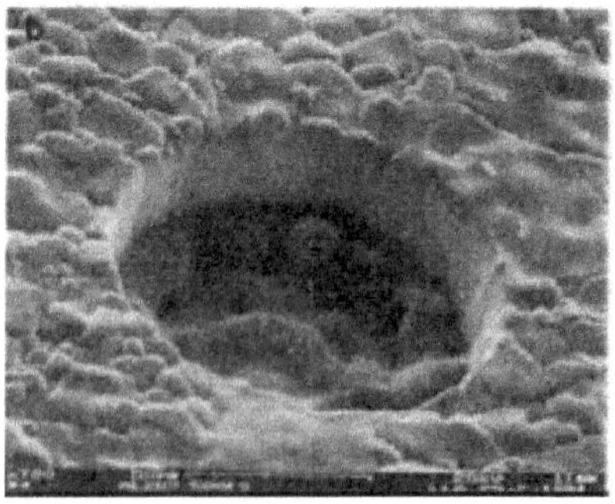

图 6-24　飞秒激光在 Al_2O_3 上加工凹坑

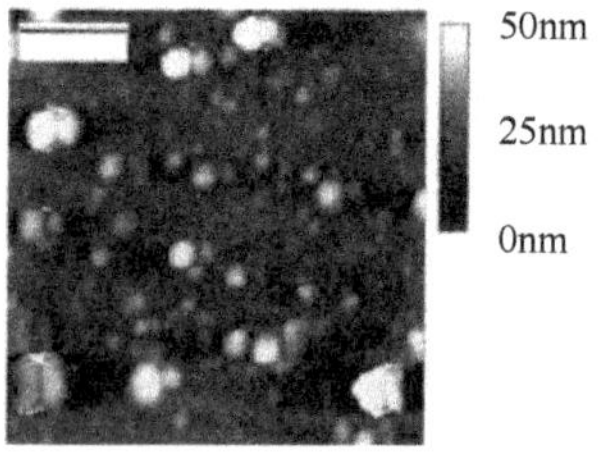

图 6-25　飞秒激光制备金属镍纳米颗粒

（3）超快激光能够在石英、玻璃、光纤等透明材料的内部进行三维加工和改性。超快激光比长脉冲激光更适合于透明材料的加工，当超快激光注入透明材料时，在极短的时间和极小的空间内与材料进行相互作用，几乎没有能量扩散的损失，这样就在短时间内在作用区域形成了高效的能量积聚，会导致光学材料内局部微观结构的改变，从而导致折射率的改变，这种变化具有不可逆性。利用这种诱导材料内部改性的方法可以在材料内部进行三维的精细微加工。目前已经有人利用飞秒激光加工了光波导、耦合器及其他类型的微光学元件。图 6-26 是利用飞秒激光诱导透明材料内部折射率变化加工出的环形光波导。

图 6-26 飞秒激光在透明材料内部加工光波导

（4）飞秒激光具有总能量低、损伤小、准确度高的优点，能够满足生物医学方面的特殊需要。因为飞秒激光可以在几乎不影响周围生物组织性质的情况下，对特定的生物组织进行切除，因此可以将飞秒激光应用到一些精密的手术之中。

6.3.2 超快激光在材料加工中的典型应用

1）超快激光在蓝宝石加工中的应用

近年来，手机及消费电子行业的兴起，尤其是苹果手机进入中国市场后，智能手机的制造商对手机的品质和加工要求越来越高。蓝宝石作为一种高透光材料，得到了各大手机制造商的青睐，蓝宝石材料的加工需求越来越大。

蓝宝石是一种氧化铝（α-Al_2O_3）的单晶，又称为刚玉。其作为一种重要的技术晶体，具有优异的光学性能、机械性能和化学稳定性，强度高、硬度大、耐冲刷，被广泛应用于红外军事装置、卫星空间技术、高强激光窗口材料、LED 及大规模集成电路的衬底材料。蓝宝石硬度大，传统机械加工方式刀头易磨损，难加工，导致 CNC 刀头损坏。此外蓝宝石材料的脆性很大，尤其是当蓝宝石材料的厚度小于 1mm 时，传统的刀具加工方式容易导致应力碎裂，很难满足实际应用中微细加工的精度要求。激光加工作为一种非接触式的微细加工方式，现已广泛应用于各种材料加工领域。传统的纳秒激光对蓝宝石进行切割的时候，断面的崩边度和粗糙度不能满足加工精度的要求，采用超快激光切割的方式无疑是最好的选择。图 6-27 为超快激光蓝宝石激光加工系统示意图。

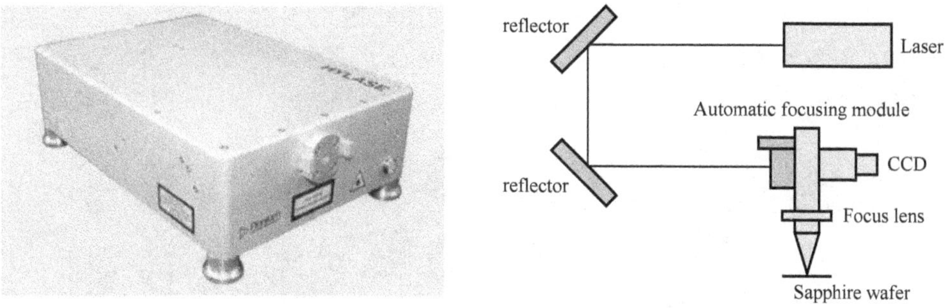

（a）超快激光器　　（b）超快激光加工系统示意图

图 6-27 超快激光对蓝宝石进行划片切割加工系统示意图

利用超快激光对蓝宝石进行划片切割的加工效果如图 6-28 所示。

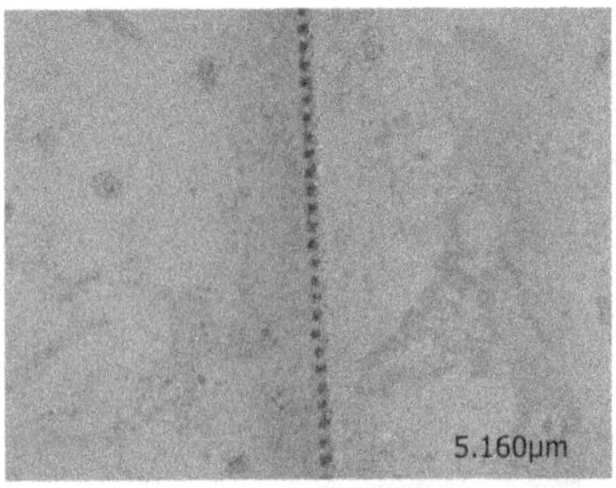

（a）小孔直径

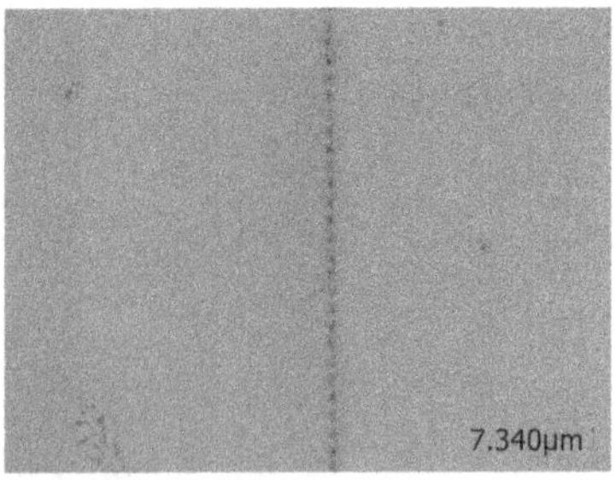

（b）小孔间距

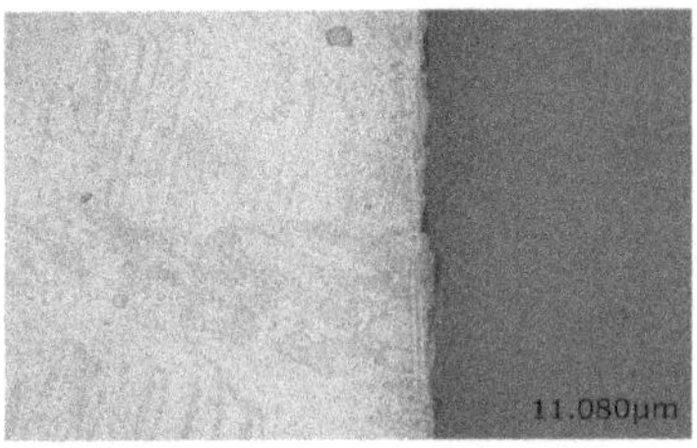

（c）正面崩边

（d）背面崩边

（e）切割断面

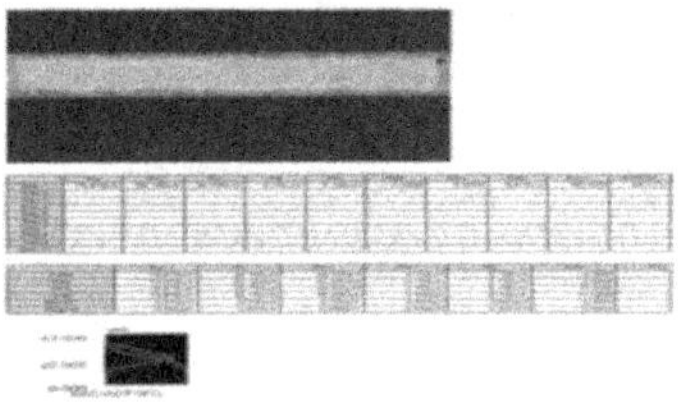

（f）粗糙度检测

图 6-28　超快激光对蓝宝石进行划片切割的加工效果

2）超快激光在金属材料加工中的应用

（1）超快激光打孔

基于能量高度集中、热影响区小、无飞溅无熔渣、不需特殊的气体环境、无后续工艺、双光子聚合加工精度可达纳米级别等优势，飞秒激光在诱导金属微结构加工应用方面和精细加工方面都取得了很大的进展。孔加工在 1mm 厚的不锈钢薄片上，飞秒激光进行了具有深孔边缘清晰、表面干净等特点的纳米级深孔加工，如图 6-29（a）所示；在金属薄膜上，钛宝石飞秒激光加工制备出了微纳米级阵列孔，如图 6-29（b）所示，孔径最小达 2.5μm，孔直径在 2.5μm～10μm 间可调，最小间距可达 10μm，很容易实现 10μm～50μm 间距调整。

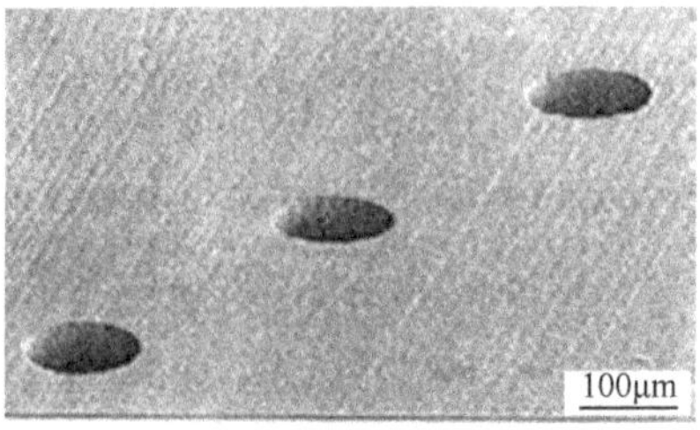

（a）飞秒激光在不锈钢薄片上打微孔

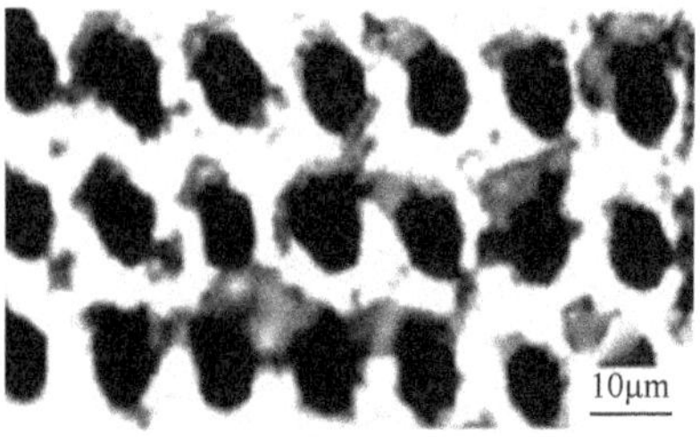

（b）飞秒激光在金属薄膜上加工微孔阵列

图 6-29　激光打孔

（2）金属材料表面改性

利用超快激光在材料表面加工制备为纳米结构，可以使材料的表面具备超疏水性/自洁性能、超亲水性、优异的光学吸收/反射性能、独特的气动力学/流体力学特性、出色的摩擦学性能、神奇的界面结合/吸附性能等一系列特性，是目前纳米科技研究的前沿之一，在MEMS、生物传感、微流器件、太阳能电池、燃料电池、LED、航空、军事、汽车等领域有重要应用前景。清华大学钟敏霖等人运用高功率皮秒激光器在工程材料表面制作出了表面微纳米结构。在金属铜表面制备的微纳米结构在300nm～2600nm的大光谱范围内的总吸收率可达95%，可见光光谱范围内的吸收率可达97%，3μm～10μm的红外波段的反射率低于0.1%，这种全光谱高效吸收表面可应用于平板太阳能集热器、黑体、高效热交换器和高效辐射器等领域。此外他们还在高速钢上制备荷叶微纳米结构的对称负结构，含有密集分布的微米级凹坑，间距为数十微米，在每个凹坑表面有纳米级的波纹。将这样的高速钢模具进行纳米压印，可以制备出与荷叶结构完全一致的微纳米结构，从而具有“荷叶效应”，即超疏水性和自清洁功能。用该荷叶结构压印模具进行了高温高压微纳米挤压铸造实验，挤压铸造材料为AlSi合金，温度为730～740℃，压力为10^3Nkg/m^2，这是迄今为止国际上首次进行的高温高压微纳米压印实验。挤压铸造压印后，获得表面存在典型荷叶微纳米结构的AlSi合金样品，具有疏水性，高速钢微纳米压印模具的微纳米级凹坑完好无损，显示了极好的耐久性。这项研究成果为今后大面积高效制备超疏水微纳米结构及其广阔应用潜力奠定了良好基础。

图6-30 飞秒激光在技术材料表面制作为纳米结构

（3）金属纳米颗粒加工

自1993年HengleinA等人首次利用激光消融法制备金属纳米颗粒以来，许多研究小组制备出高纯度、粒度分布均匀的金属纳米颗粒。LinkH等人进一步控制飞秒激光的能流密度和照射时间，将金属纳米棒完全融化为金属纳米点。与其他激光脉冲相比，飞秒激光改变的金属颗粒尺寸大小和特定形状，使金属纳米颗粒特别是贵金属（Au、Hg、Pt、Pd等）在催化、非线性光学、医用材料科学等领域具有广阔的应用前景。

3）超快激光在通信领域的应用

光通信的高速率、大容量和宽带宽的发展方向，要求光电器件的高度集成化。而集成化的前提是光电器件的微型化。因此，光电器件的微型化是当前光通信领域研究的前沿和热点。近年来，相比传统的光电技术，飞秒激光微加工技术将成为新一代光电器件的制造技术。国内外学者在光波导的制备技术等诸多方面进行了有益的探索，取得了很大的进展。

（1）光波导的制备。光波导易于和光纤通信系统耦合且损耗小，在频域中呈现出丰富的传输特性，成为光纤器件的研究热点。与离子注入法和热扩散型离子交换法等目前常用的制作方法相比，飞秒激光制作波导在室温环境下进行，过程简单，波导结构在高温时仍能保持良好的质量和稳定性。美国学者用飞秒激光制备的增益光波导长 1cm，可产生 3dB/cm 的信号增益。大阪大学的 WatanabeW 等用 85fs、重复频率 lkHz、单脉冲能量 1.5μJ 的钛蓝宝石激光制作的多模干涉波导阵列，实现了高阶模输出。目前，利用计算机精密控制飞秒激光加工平台，可以在材料内部的任意位置制得任意形状的二维、三维或单模光波导。

（2）光栅的制备。光栅在光通信、色散补偿、光纤传感等领域中发挥着不可替代的作用。光产业的发展对光栅提出了更高的要求：①不同几何形状排列，如六角阵列光栅。②在光纤内部刻划，如 Bragg（布拉格）光纤光栅。传统加工方法工序繁杂、制作的光栅稳定性差、寿命短。而飞秒激光微加工克服了这些缺点，永久性改变折射率，改变量高达 0.05，实现直接刻划，顺应了现代光栅微型化和多样化的发展趋势。MihailovS 等人采用钛宝石飞秒激光在掺锗通信光纤纤芯上获得的反射 Bragg 光栅，具有折射率调制范围广、温度稳定性高的特点。

（3）光子晶体的制备。光子禁带和光子局域是光子晶体的两大特征，使其极有可能取代大多数传统的光学产品。但是微米甚至亚微米级三维复杂光子晶体的制备技术是急需解决的关键问题。飞秒激光双光子聚合法灵活，加工精度高，是制备光子晶体的理想选择。SunHB 等人采用飞秒激光制出任意晶格的光子晶体，它能单独地为单个原子选址。上海光机所的程亚等人采用飞秒激光双光子聚合得到应用于无线电通信的三维光子晶体，如图 6-31 所示。

图 6-31　飞秒激光制备的三维光子晶体

（4）光存储使用高分辨率。存储材料无疑会增加记录密度，而采用超短激光进行亚微米级操作会得到更好的效果。飞秒激光多光子吸收作用引起材料的永久性光致还原现象，为超高密度三维立体光存储提供了一个全新的思路，存储密度可达 1013bits/cm^3。其特点：

① 快速的数据读、写、擦写、重写。

② 并行数据随机存取。

③ 相邻数据位层间串扰小。

④ 存储介质成本低。飞秒激光三维立体光存储技术成为当前海量存储技术发展的一个新研究方向。

（5）微通道的制备。聚合物力学性能好，具有生物相容性，而且飞秒激光光束几乎可以毫无衰减地到达透明材料内部的聚焦点，入射激光唯有在该点位置才能获得较高的功率密度，发生非线性多光子吸收和电离，实现材料内任意部位三维微结构的直写。我国学者采用飞秒激光在透明材料内制备出最小直径 40nm 的微通道（如图 6-32 所示），纳米通道的宽度远小于光波的波长。道壁光滑且没有裂纹，没有损坏透明材料表面，这种微通道将广泛用于生物医学技术，如 DNA 拉伸、微统计分析系统等。

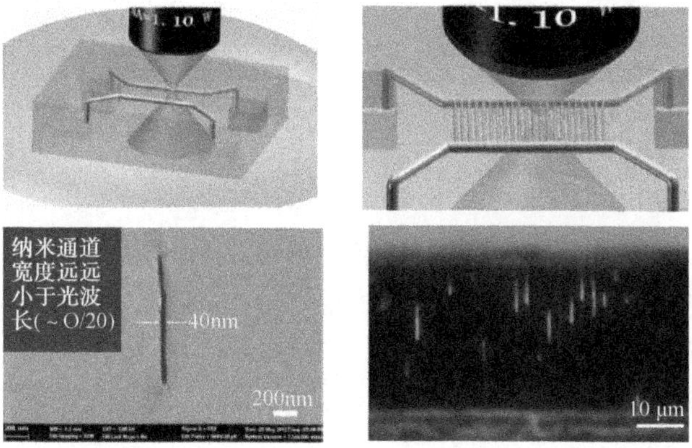

图 6-32 飞秒激光在透明材料内部制备纳米通道

思考与练习

6-1 简述激光打标的两种基本原理。
6-2 简述激光打标的两种方式。
6-3 简述激光热传导焊接的原理。
6-4 简述激光深熔焊的原理。
6-5 激光切割可以分为哪几种?
6-6 激光快速成型技术主要有哪几种?
6-7 简述紫外激光加工的机理。
6-8 试说明紫外固化技术的原理及特点。
6-9 紫外光刻技术包含哪些工艺步骤?
6-10 超快激光的定义是什么?
6-11 超快激光加工有哪些特点?
6-12 超快激光加工有哪些典型应用?

项目 7　激光原理实验

知识目标

- 掌握激光产生的过程并在实践项目中验证所学
- 掌握激光输出方式及输出模式的调整方法
- 掌握激光传输的变换方法
- 掌握激光加工的基本技术

能力目标

- 能够针对激光进行各种常见变换，调整输出模式并进行测试
- 掌握激光加工机的各种操作方法，包括激光打标、焊接、切割

任务 7.1　气体激光器谐振腔的调整与输出功率测量

1．实验目的

理解激光谐振原理，掌握激光谐振腔的调节方法。

掌握激光输出功率的测量方法。

2．实验原理

氦氖激光器（He-Ne 激光器）由光学谐振腔（输出镜与全反镜）、工作物质（密封在玻璃管里的氦气、氖气）、激励系统（激光电源）构成。

对 He-Ne 激光器而言，增益介质就是在毛细管内按一定的气压充以适当比例的氦、氖气体，当氦、氖混合气体被电流激励时，与某些谱线对应的上下能级的粒子数发生反转，使介质具有增益。介质增益与毛细管长度、内径粗细、两种气体的比例、总气压及放电电流等因素有关。

对谐振腔而言，腔长要满足频率的驻波条件，谐振腔镜的曲率半径要满足腔的稳定条件。总之腔的损耗必须小于介质的增益，才能建立激光振荡。

内腔式 He-Ne 激光器的腔镜封装在激光管两端，而外腔式 He-Ne 激光器的激光管、输出镜及全反镜是安装在调节支架上的，如图 7-1 所示。调节支架能调节输出镜与全反镜之间的平行度，使激光器工作时处于输出镜与全反镜相互平行且与放电管垂直的状态。在激光管的阴极、阳极上串接着镇流电阻，防止激光管在放电时出现闪烁现象。氦氖激光器激励系统采用开关电路的直流电源，体积小，分量轻，可靠性高，可长时间运行。

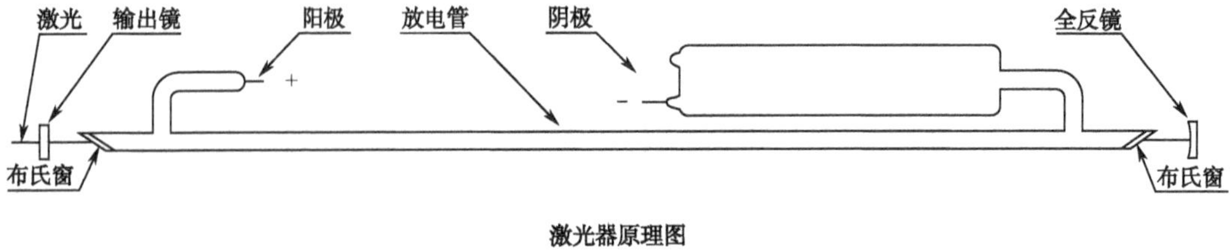

图 7-1　外腔 He-Ne 激光器结构示意图

3. 实验内容及步骤

（1）气体激光器的开机

氦氖激光器采用的是电激励形式，故开机时必须给两端电极提供足够的激励电压。首先按照图 7-2 给激光电源背面连接电源线，按下电源总开关。再如图 7-3 所示，将电源正面的钥匙开关旋至“on”，此时激光器电源将提供电压至氦氖激光器电极两端，可以观察到氦氖激光器的放电毛细管中有红色的荧光。但由于激光谐振腔的装调未调整好，在输出端没有红色的激光输出，仅有红色的荧光。

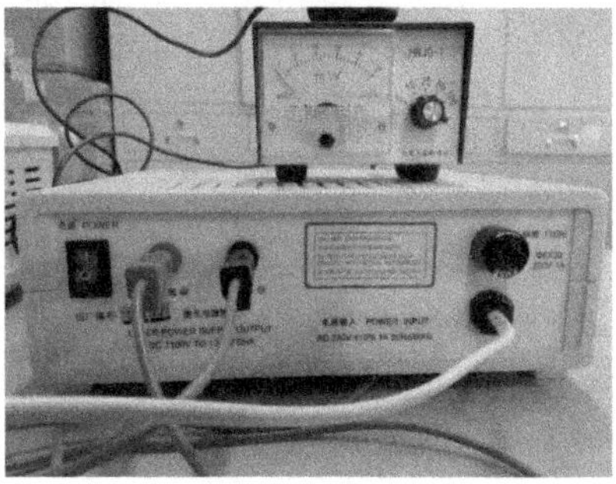

图 7-2 激光器电源背面示意图

图 7-3 激光器电源正面示意图

（2）氦氖激光器谐振腔调整

氦氖激光器未输出红色激光，是由于激光谐振腔未调整好。当输出镜与全反镜平行度偏离到一定程度，激光器无功率输出。因此需要将前后腔镜与放电管的管芯都居中垂直，这样激光器便可以重新恢复到最佳工作状态，输出激光。本实验中设计的为半外腔激光器，前腔镜是固定的，不需调节，只需调节后腔镜，这样既掌握了基本的调节方法，还大大降低了调节的难度，并且调节后腔镜也降低了激光突然出光对人眼的伤害（激光后腔镜溢出的尾光很微弱）。

将半外腔激光器平稳固定在导轨上，后端靠近导轨及实验桌的一侧，人处于激光器后端，十字叉板置于半外腔激光器后端和人眼之间，与放电管垂直，十字叉面向激光器一侧，如图 7-4 所示。

图 7-4 激光器调节示意图

人眼通过十字叉板中心的小孔观察放电管的内径，首先会看到一个明显圆形亮斑，此亮斑为放电管内径中被激发的气体。由于十字叉板中心的小孔很小，上下左右微动十字叉板使该圆形亮斑均匀对称居中出现在视野中（如果小孔严重偏离放电管中心，则看不到圆形亮斑）。当眼睛适应放电管亮度后仔细观察，可看到圆形亮斑中心还有一个更亮的小亮点，进一步上下左右微调十字叉板，使通过小孔看到的小亮点位于圆形亮斑的正中心，此时将十字叉板下方螺钉固定，仍然保持与放电管的垂直状态。

打开台灯从斜前方照亮十字叉板，可通过小孔看到由后腔镜反射出的十字叉像，如图 7-5 所示。调节后腔镜的二维俯仰旋钮，十字叉像会随之移动，直到十字叉像的中心与之前观察到的小亮点重合，理论上激光器即可出光。实际操作时，如果没有出光，必然之前某一步操作存在偏差，可以重新检查一遍，或者使十字叉在小亮点周围小范围来回移动扫描，直至出光。

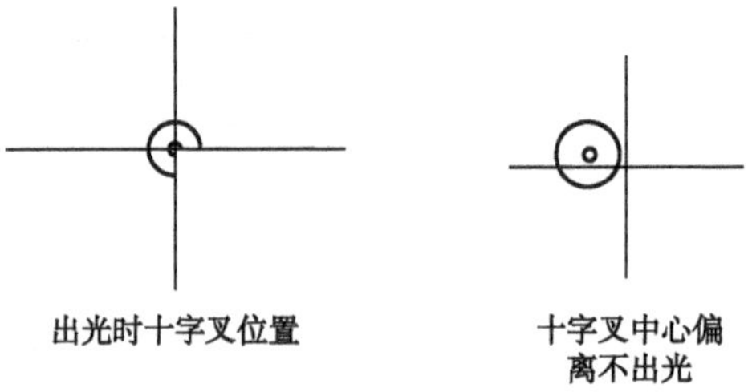

图 7-5　十字叉与管芯亮点关系示意图

（3）激光器输出功率测量

将功率指示器放置于半外腔激光器前出光口，如图 7-6 所示。监测输出功率，进一步调节后腔镜二维俯仰旋钮，使输出功率最大并记录。然后改变腔长和腔镜监测功率，完成表 7-1 并分析规律。

图 7-6　激光器输出功率测量示意图

表 7-1　激光器功率检测记录

功率监测（mW）	腔长 1：　　mm	腔长 2：　　mm	腔长 3：　　mm
曲率半径（R=500mm）			

通过激光器功率计（见图 7-7）检测该激光器的输出功率范围较为有限，一般应超过 1mW，若检测功率值低于 1mW 则应调整激光谐振腔后腔镜，使激光器输出功率达到最大值。若始终无法超过 1mW，可用蘸有无水酒精乙醚溶液的脱脂棉擦拭后腔镜。该激光器的后腔镜由于暴露在大气中，故容易沾染灰尘污染镜面，影响激光输出功率。

图 7-7 激光器功率计

任务 7.2 气体激光器输出模式的调整及检测

1. 实验目的

理解激光器输出模式的原理，掌握激光器输出模式的变化规律。
掌握激光器输出模式的调整方法。

2. 实验原理

（1）激光模式的形成

激光器的三个基本组成部分是增益介质、谐振腔和激励能源。如果用某种激励方式，将介质的某一对能级间形成粒子数反转分布，由于自发辐射和受激辐射的作用，将有一定频率的光波产生，在腔内传播，并被增益介质逐渐增强、放大，被传播的光波决不是单一频率的（通常所谓某一波长的光，不过是光中心波长而已）。因能级有一定宽度，所以粒子在谐振腔内运动受多种因素的影响，实际激光器输出的光谱宽度是自然增宽、碰撞增宽和多普勒增宽叠加而成的。不同类型的激光器，工作条件不同，以上诸影响有主次之分。例如低气压、小功率的 He-Ne 激光器 6328Å 谱线，则以多普勒增宽为主，增宽线型基本呈高斯函数分布，宽度约为 1500MHz，只有频率落在展宽范围内的光在介质中传播时，光强将获得不同程度的放大。但只有单程放大，还不足以产生激光，还需要有谐振腔对它进行光学反馈，使光在多次往返传播中形成稳定持续的振荡，才有激光输出的可能。而形成持续振荡的条件，是光在谐振腔中往返一周的光程差应是波长的整数倍，即

$$2\mu L = q\lambda_q \tag{7-1}$$

这正是光波相干极大条件，满足此条件的光将获得极大增强，其他则相互抵消。式中，μ 是折射率，对气体 $\mu \approx 1$，L 是腔长，q 是正整数，每一个 q 对应纵向一种稳定的电磁场分布 λ_q，叫一个纵模，q 称做纵模序数。q 是一个很大的数，通常不需要知道它的数值，而关心的是有几个不同的 q 值，即激光器有几个不同的纵模。从式（7-1）还可以看出，这也是驻波形成的条件，腔内的纵模是以驻波形式存在的，q 值反映的恰是驻波波腹的数目。纵模的频率为

$$\nu_q = q\frac{c}{2\mu L} \tag{7-2}$$

而相邻两个纵模的频率间隔为

$$\Delta \nu_q = \frac{c}{2\mu L} \approx \frac{c}{2L} \tag{7-3}$$

从式中看出，相邻纵模频率间隔和激光器的腔长成反比。即腔越长，$\Delta \nu_q$ 越小，满足振荡条件的纵模个数越多；相反腔越短，$\Delta \nu_q$ 越大，在同样的增宽曲线范围内，纵模个数就越少。因而用缩短腔长的办法是获得单纵模运行激光器的方法之一。

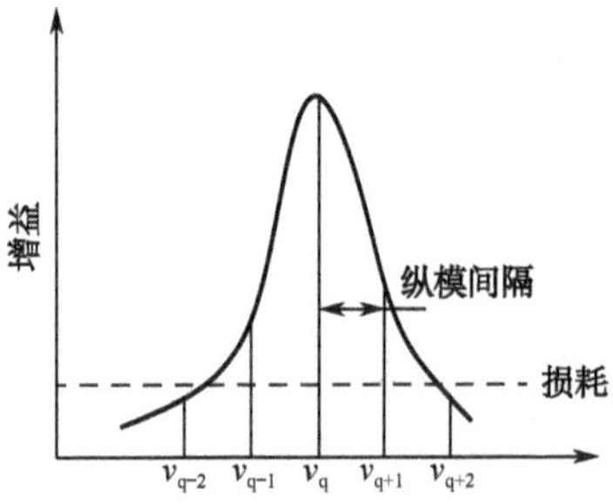

图 7-8　腔内纵模振荡增益损耗示意

以上得出纵模具有的特征：相邻纵模频率间隔相等；对应同一横模的一组纵模，它们强度的顶点构成了多普勒线型的轮廓线，如图 7-8 所示。

光波在腔内往返振荡时，由于激光增益物质的放大作用，使光不断增强，另一方面激光谐振腔中也存在多种损耗，使光能减弱。如介质的吸收损耗、散射损耗、镜面透射损耗和放电毛细管的衍射损耗等。所以不仅要满足谐振条件，还需要增益大于各种损耗的总和，才能形成持续振荡，有激光输出。如图 7-8 所示，增益线宽内虽有 5 个纵模满足谐振条件，但只有 3 个纵模的增益大于损耗，能有激光输出。对于纵模的观测，由于 q 值很大，相邻纵模频率差异很小，眼睛不能分辨，必须借用一定的检测仪器才能观测到。

谐振腔对光多次反馈，横向场分布也会产生变化。光每经过放电毛细管反馈一次，就相当于一次衍射。多次反复衍射，就在横向的同一波腹处形成一个或多个稳定的干涉光斑。每一个衍射光斑对应一种稳定的横向电磁场分布，称为一个横模。我们所看到的复杂的光斑则是这些基本光斑的叠加，图 7-9 是几种常见的基本横模光斑图样。

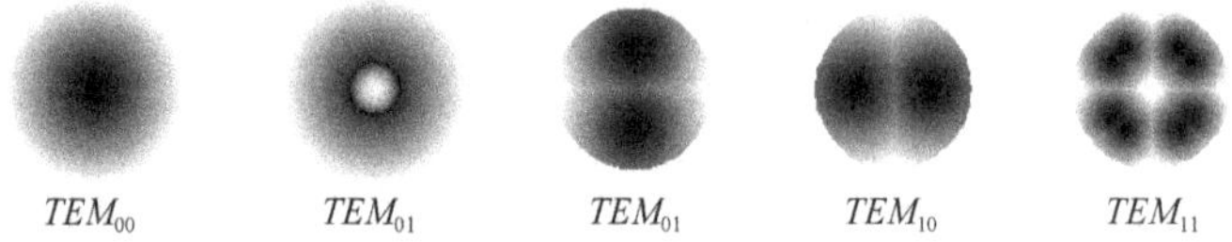

图 7-9　基本横模光斑图样示意

激光的模式，既是纵模，也是横模。它同时有两个名称，不过是对两个不同方向的观测结果分开称呼而已。一个模由三个量子数来表示，通常写做 TEM_{mnq}，q 是纵模序数，m 和 n 是横模序数，m 是沿 x 轴场强为零的节点数，n 是沿 y 轴场强为零的节点数。

激光器中能产生的横模个数，除前述增益因素外，还与放电毛细管的粗细、内部损耗等因素有关。一般说来，放电管直径越大，可能出现的横模个数越多。横模序数越高的，衍射损耗越大，形成振荡越困难。但激光器输出光中横模的强弱决不能仅从衍射损耗一个因素考虑，而是由多种因素共同决定的，这是在模式分析实验中，辨认哪一个是高阶横模时易出错的地方。因仅从光的强弱来判断横模阶数的高低，即认为光最强的谱线一定是基横模，这是不对的，而应根据高阶横模具有高频率来确定。

横模频率间隔的测量同纵模间隔一样，需借助展现的频谱图进行相关计算。但阶数 m 和 n 的数值仅从频谱图上是不能确定的，因为频谱图上只能看到有几个不同的（m+n）值，以及可以测出它们间的差值Δ（m+n），然而不同的 m 或 n 可对应相同的（m+n）值，相同的（$m+n$）在频谱图上又处在相同的位置，因此要确定 m 和 n 各是多少，还需要结合激光输出的光斑图形加以分析才行。当我们对光斑进行观察时，看到的应是它全部横模的叠加图（即图 7-9 中一个或几个单一态图形的组合）。当只有一个横模时，很易辨认；如果横模个数比较多，或基横模很强，掩盖了其他的横模，或某高阶模太弱，都会给分辨带来一定的难度。但由于有频谱图，知道了横模的个数及彼此强度上的大致关系，就可缩小考虑的范围，从而能准确地定位每个横模的 m 和 n 值。

（2）共焦球面扫描干涉仪结构与工作原理

共焦球面扫描干涉仪是一种分辨率很高的分光仪器，已成为激光技术中一种重要的测量设备。实验中使用它，是将彼此频率差异甚小（几十至几百 MHz），用眼睛和一般光谱仪器不能分辨，所有纵模、横模展现成频谱图来进行观测的。它在本实验中起着不可替代的重要作用。

共焦球面扫描干涉仪是一个无源谐振腔，由两块球形凹面反射镜构成共焦腔，即两块镜的曲率半径和腔长相等，$R_1 = R_2 = 1$。反射镜镀有高反射膜，两块镜中的一块是固定不变的，另一块固定在可随外加电压而变化的压电陶瓷上。如图 7-10 所示，图中①为由低膨胀系数制成的间隔圈，用以保持两球形凹面反射镜 R_1 和 R_2 总是处在共焦状态。②为压电陶瓷环，其特性是若在环的内外壁上加一定数值的电压，环的长度将随之发生变化，而且长度的变化量与外加电压的幅度成线性关系，这正是扫描干涉仪被用来扫描的基本条件。由于长度的变化量很小，仅为波长数量级，不足以改变腔的共焦状态。但是当线性关系不好时，会给测量带来一定的误差。

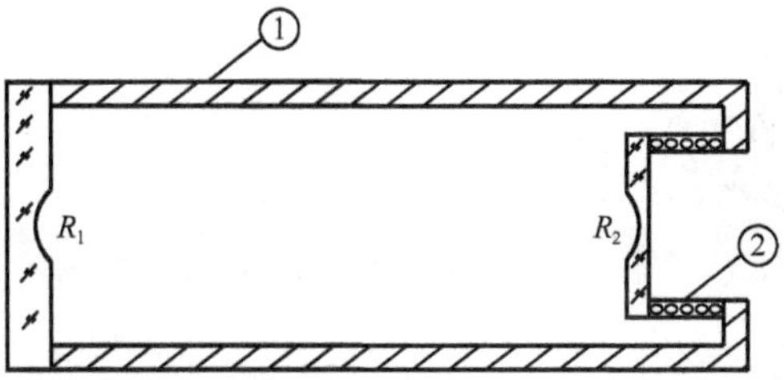

图 7-10 共焦球面扫描干涉仪共焦腔示意

当一束激光以近光轴方向射入干涉仪后，在共焦腔中径四次反射呈“8”字形路径，光程近似为 $4l$，如图 7-11 所示，光在腔内每走一个周期都会有部分光从镜面透射出去。如在 A、B 两点，形成一束束透射光 1，2，3…和 1′，2′，3′…，这时在压电陶瓷上加一线性电压，当外加电压使腔长变化到某一长度 l_a，正好使相邻两次透射光束的光程差是入射光中模的波长为 λ_a 的这条谱线的整数倍时，即

$$4l_a = k\lambda_a \tag{7-4}$$

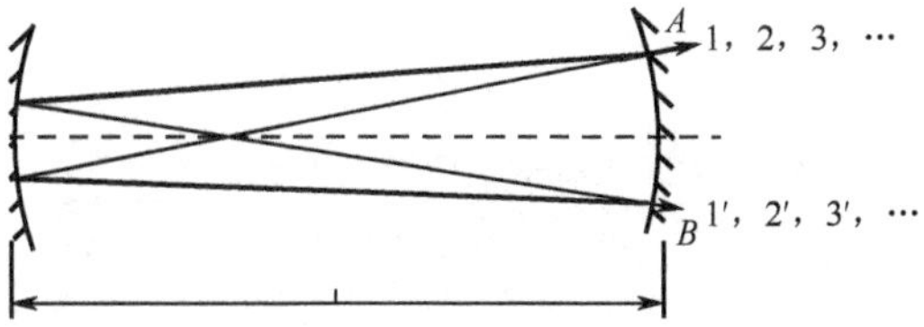

图 7-11 激光在共焦腔内传播示意

此时模 λ_a 将产生相干极大透射，而其他波长的模则相互抵消（k 为扫描干涉仪的干涉序数，是一个整数）。同理，外加电压又可使腔长变化到 l_b，使模 λ_b 符合谐振条件，极大透射，而 λ_a 等其他模又相互抵消。因此，透射极大的波长值和腔长值有一一对应关系，只要有一定

幅度的电压来改变腔长，就可以使激光器全部不同波长（或频率）的模依次产生相干极大透过，形成扫描。

3．实验内容及步骤

（1）氦氖激光器基横模式的观测

短腔 He-Ne 激光器，因为模式简单清晰稳定，适于初学者理解激光模式的概念、意义及掌握测量分析的方法。

将半外腔激光器固定于导轨中心，并调节出光。取焦距最短的 50mm 的凹透镜，置于出光口，此时光束被扩束，在远处的白屏或者墙上会看到放大的光斑。微调后腔镜的俯仰旋钮，使半外腔激光器输出 TEM_{00} 模（基横模），光斑内光强呈圆对称高斯分布，并记录基横模图样形状。

（2）氦氖激光器纵模分析

① 首先在激光器出光口前加入光阑，使激光束从光阑小孔垂直通过，将共焦腔置于光阑后，光束从共焦腔内穿过，一般情况下小口进光大口出光，注意光束的行进方向（如图 7-12 所示）。接通锯齿波电源，调节幅度调节钮居中，频率调节钮到 40Hz，将锯齿波监视接入示波器 1 通道显示，信号输出接入示波器 2 通道显示，如图 7-13 所示。

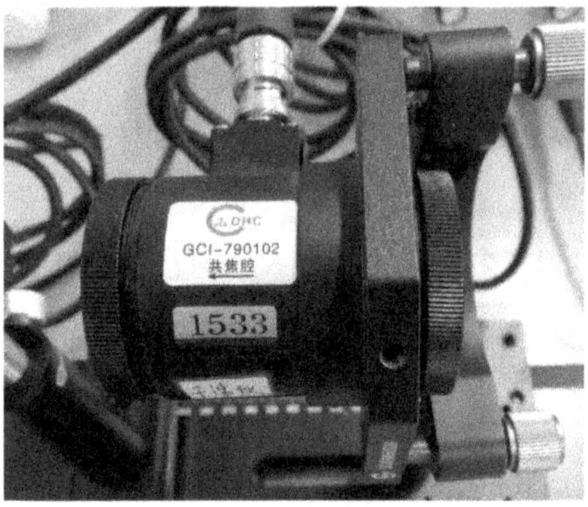

图 7-12　共焦球面扫描仪连接示意图

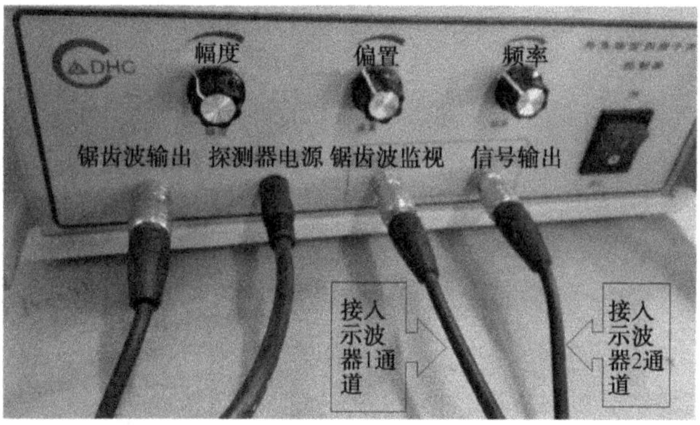

图 7-13　共焦球面扫描仪线路连接示意图

② 此时从共焦腔入口会反射出一个光斑到光阑面上，上下左右微调共焦腔，直至光阑上的光斑以光阑孔为圆心。此时共焦腔后端会有两个光点出射，进一步微调共焦腔的四维姿态俯仰，直至共焦腔后端的两个光点合二为一。将光电探测器靠近共焦腔后端，并且使合二为一的光点进入探测器，此时示波器上会出现如图 7-14 形状的模式峰，进一步微调共焦腔和探测器，使看到的模式峰更高。

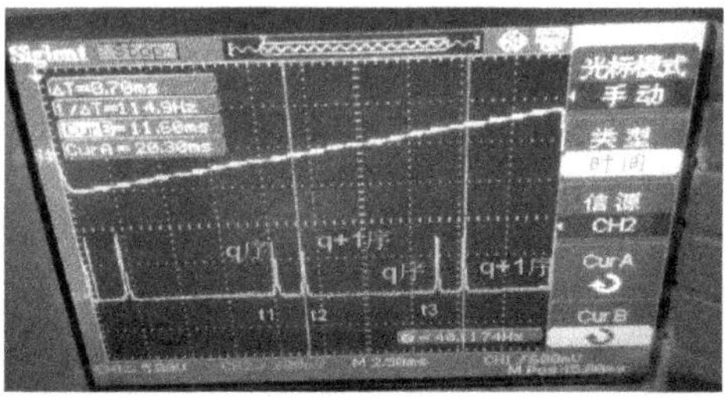

图 7-14　氦氖激光器输出模式示波器测试图

模式峰处于锯齿波的平滑线性区间内，适当调节锯齿波的幅度，会看到出现重复的多组模式峰，如图 7-14 所示。将示波器的时间轴调宽，进一步观察一组内，只有两个清晰稳定的主峰，附近没有小峰，与之前光斑图样判断 TEM_{00} 模基本相吻合，这样就能够初步判断腔内有两“序”纵模，可以命名为 q 和 $q+1$ 序，每“序”纵模中只有基横模，属于“双纵模&基横模”情况。

适当调整示波器的时间旋钮，使重复的两组模式峰同时稳定出现在屏幕上。选择数字示波器的光标功能，将光标模式设置为手动，类型设置为时间，将光标测试线分别旋转至所要测试的波形位置，可测出各个位置所对应的时间值。

测两组之间对应的峰，如两组 q 序在示波器时间轴上的间隔，则对应的是共焦腔的固有参数自由光谱区为 2.5GHz，所对应的时间间隔为 t_1 点与 t_2 点。通过式（7-3）的等比关系可以得出同一组内两峰（q 和 $q+1$ 序）之间的频率间隔，即

$$\Delta\nu_q = \nu_q - \nu_{q+1} = \frac{t_1 - t_2}{t_1 - t_3} \times 2.5\text{GHz} \tag{7-5}$$

也可将标尺上测量出的半外腔激光器腔长代入式（7-3）中的 L，即可理论上算出该激光器纵模间隔（q 和 $q+1$ 序的频率间隔），将测试的数值与计算结果填入表 7-2。如果与从示波器上等比推测出的相符，则完全判定了该内腔激光器的模式为“双纵模&基横模”。

表 7-2 氦氖激光器纵模间隔测试记录表

序　号	$t_1 - t_2$	$t_1 - t_3$	$\Delta\nu_q$	L	$\Delta\nu_q'$
1					
2					
3					

由于腔长可变，腔镜俯仰可调，后腔镜的曲率半径可更换，因此在不同的组合状态下模式会相应有变化，甚至变化得相对复杂（会产生高阶横模）。无论怎样，分析模式的方法不变，在半外腔激光器的后端放置焦距最短的−50mm 的凹透镜放大光斑。一边看着光斑内的形状，一边看着示波器上显示的模式峰，结合式（7-3）、式（7-4），来分析可调半外腔激光器的模式。

（3）氦氖激光器横模光斑观测

可利用 CCD 探测器将氦氖激光器输出光斑采集，并通过光斑采集软件在电脑上显示出各种模式的激光光斑示意图。

① 调整半外腔激光器正常出光，前端放置两个偏振片和 CCD 探测器，CCD 探测器的入光口装有带 632.8nm 滤光片的 CCD 光阑，保证只有激光束可以进入到靶面。

② 将 CCD 探测器放置在偏振片后，调节高度，让激光能够正常进入 CCD 探测器的光阑之中。CCD 探测器后有两根线，一根接电源插座，一根接入电脑后的图像采集卡。

③ 在电脑 PCI 插槽上插入图像采集卡，在后端 USB 接口上插入软件密码锁，启动电脑，桌面会提示发现新硬件。首先安装图像采集卡驱动，默认安装之后会在桌面上生成“ok image products”文件夹，CCD 插电，并且与图像采集卡用信号线连接，运行文件夹中“OK DEMO”，单击“实时显示”，如果能正常显示则可以将其光闭，如果不能正常显示则可以重启电脑。其次，插入软件锁，安装加密锁驱动，即文件夹中的“微狗 Driver”。最后安装光斑分析软件，运行光盘中“光斑分析软件”文件夹中的“setup.exe”，默认安装之后在桌面会生成“激光光斑分析”软件的快捷方式。

④ 打开光斑分析软件，正常运行时会看到有激光的光斑，如果太亮，达到饱和值时可调节偏振片让光强减弱。

⑤ 调节后腔镜的两个旋钮，尽可能多地采集可能出现的各种横模光斑，如图 7-15 所示。

(a)　　　　(b)　　　　(c)

图 7-15　激光光斑横模测试示意图

⑥ 将自己调节出的测试图样记录下来。

任务 7.3　气体激光器发散角的测量

1．实验目的

掌握激光器发散角的定义与测量原理。
掌握激光器发散角的检测方法。

2．实验原理

由前面的内容可知，高斯光束在传播的过程中振幅呈现高斯型分布，基横模光斑半径随光轴传播按双曲线规律变化，场振幅以高斯函数 $e^{-r^2/\omega^2(z)}$ 的形式从中心向外平滑减小，因而光斑半径 $\omega(z)$ 随坐标 z 按双曲线规律（式（7-6））而向外扩展，如图 7-16 所示。

$$\frac{\omega^2(z)}{\omega_0^2}-\frac{z}{Z_0}=1 \tag{7-6}$$

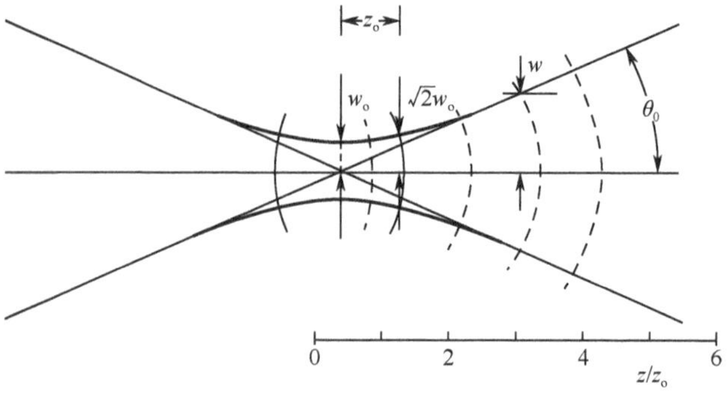

图 7-16　激光束高斯发散传播示意图

高斯光束远场发散角 θ_0 的一般定义为当 $z\to\infty$ 时，高斯光束振幅减小到中心最大值 1/e 处与 z 轴的交角，即双曲线渐近线与光轴的夹角，表示为

$$\theta_0=\lim_{z\to\infty}\frac{\omega(z)}{z}=\frac{\lambda}{\pi\omega_0} \tag{7-7}$$

3. 实验内容及步骤

测量发散角的关键在于保证探测接收器能在垂直光束的传播方向上扫描，这是测量光束横截面尺寸和发散角的必要条件。由于远场发散角实际是以光斑尺寸为轨迹的两条双曲线的渐近线间的夹角，所以应尽量延长光路以保证其精确度。

（1）调整半外腔激光器正常出光，前端放置两个偏振片和 CCD 摄像机，CCD 摄像机的入光口装有带 632.8nm 滤光片的 CCD 光阑，保证只有激光束可以进入到靶面。

（2）打开光斑分析软件，单击“采集背景”在界面上会出现一矩形框，双击即可。单击“光斑直径”，如图 7-17 所示，会提示输入 x、y 的像元大小，分别填写 9μm 即可。在界面左边会显示直径大小。软件左上角的“图像状态”标志如图 7-18 所示，用于显示当前程序采集图像的状态。如果标志连续旋转，则表明现在程序处于持续采集图像的状态。如果标志静止，则表明现在程序停止采集图像。通过按键盘上的“空格”键，可以改变采集图像的状态。

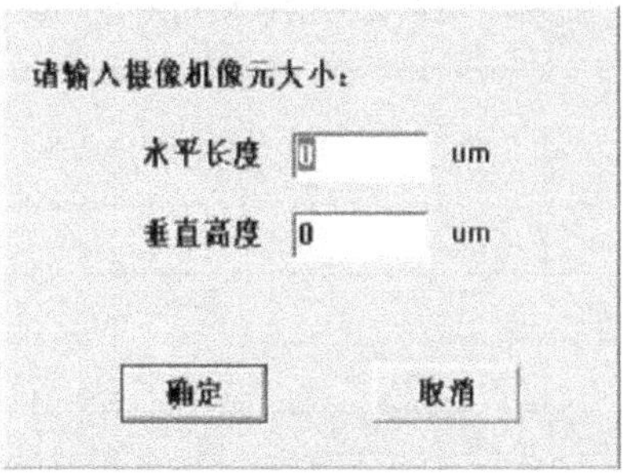

图 7-17 像元大小输入界面

图 7-18 光斑分析软件界面示意图

（3）在距离激光器 L_1 处垂直放置 CCD（靶面），旋转偏振片，调节光束强度，使光斑中心的白色区域微微看到一点即可（不能过度饱和），如果光斑不是基横模，微调后腔镜的俯仰旋钮，直到出现基横模为止。单击光斑直径按钮，可以测量光斑 X、Y 方向各自的直径，单位是μm，平均后就是该位置处的光斑直径 D_1，如图 7-18 所示。

（4）将 CCD 探测器移动至激光输出镜后方 L_2 处，用同样方法测出光斑直径 D_2。

（5）所测参量如图 7-19 所示，由于激光发散角度较小，可做近似计算，根据式（7-8）便可以算出发散角。

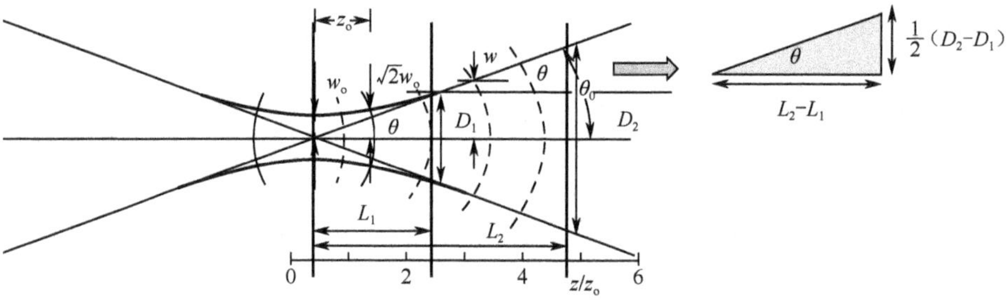

图 7-19　发散角测量计算示意图

$$\theta \approx \tan\theta = \frac{1}{2}\frac{D_2 - D_1}{L_2 - L_1} \tag{7-8}$$

（6）选取不同的位置，测量三组数据，取平均值作为激光器远场发散角的值，填入表 7-3 中。

表 7-3　高斯光束发散角测量数据表

序号	L_1	L_2	D_1	D_2	$\theta=\frac{1}{2}\frac{D_2-D_1}{L_2-L_1}$	θ 的平均值
1						
2						
3						

任务 7.4　高斯光束的变换与测量

1．实验目的

掌握高斯光束的聚焦、扩束、准直的原理及方法。

掌握高斯光束的聚焦、扩束、准直的测量方法。

2．实验原理

绝大多数激光器发出的光束，在投入使用之前，都要通过一定的光学系统变换成所需的形式。大多数激光器应用时输出的是高斯光束，因此高斯光束通过光学系统的变换特性尤为重要。一般来说高斯光束通过光学系统主要进行的变换有聚焦、扩束、准直。

根据任务 4 项目 3 内容所述，高斯光束的聚焦是通过薄透镜完成的。可以利用单个的正透镜完成聚焦的要求，也可以由正正透镜、负正透镜组合完成。高斯光束的准直可以由两块正透镜组成倒置望远镜系统完成，当然该系统也具备扩束的功能，因为用单块的透镜完成扩束的功能后，高斯光束的发散角往往比较大，难以满足后续激光加工的要求。

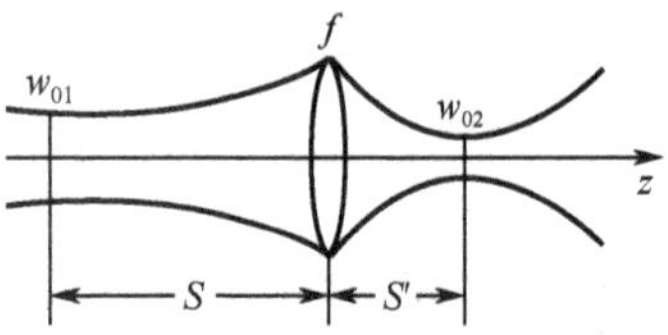

图 7-20　高斯光束的聚焦

用单透镜完成高斯光束的聚焦时，可将入射高斯光束的光腰看做系统的物，将通过光学系统后的高斯光束的光腰看做系统所成像，如图 7-20 所示，根据几何光学中的物像关系有

$$\frac{1}{S}+\frac{1}{S'}=\frac{1}{f} \tag{7-9}$$

如果已知入射高斯光束的聚焦后的光腰位置和聚焦透镜的焦距，可通过式（7-9）的变换，得到聚焦之前的高斯光束光腰位置，即

$$S=\frac{S'-f}{S'f} \tag{7-10}$$

通过倒置望远镜系统可以同时对高斯光束进行准直和扩束，如图 7-21 所示，根据高斯光束通过薄透镜聚焦的近似所得式（7-11）即为高斯光束经过该系统放大之后的倍数。

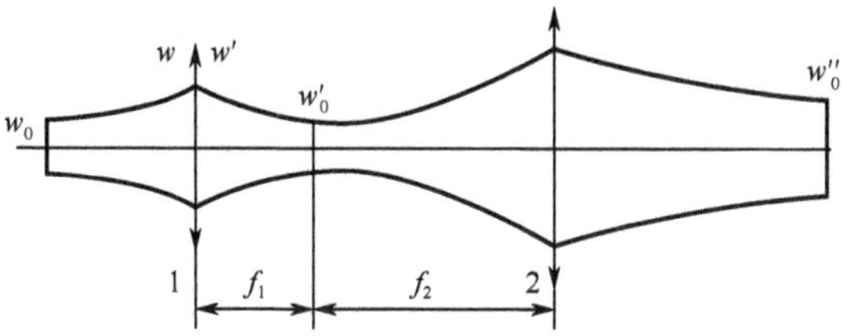

图 7-21 倒置望远镜系统对高斯光束的准直与扩束

$$\left.\begin{aligned}\omega_0' \approx \frac{\lambda f_1}{\pi\omega}\\ \omega_0'' \approx \frac{\lambda f_2}{\pi\omega_0'}\end{aligned}\right\} \Rightarrow \frac{\omega_0''}{\omega} \approx \frac{f_2}{f_1} \tag{7-11}$$

3. 实验内容及步骤

1）高斯光束的聚焦

（1）调整半外腔激光器的后腔镜，使输出为基横模，将透镜（焦距 200mm）放置于半外腔激光器前输出端，实验过程中为方便测量希望获得束腰放大像，一般要求透镜与激光器出光口的距离在 200mm～400mm 之间。由于前端输出激光较强，实验中可在透镜之前放置两个偏振片对消改变光强。

（2）用 CCD 摄像机接收光斑并显示，在透镜后不同位置测量光斑大小，寻找最小的聚焦光斑位置。如果显示光斑饱和，可旋转偏振片来衰减光强。

（3）量出 CCD 靶面到透镜的距离为像距 S'；透镜焦距已知，利用式（7-10）可算出物距。从透镜向前量出物距，该位置即为实际束腰的大概位置。

（4）更换其他焦距的透镜，如放置在相同位置，测量后端聚焦点的位置和大小，填入表 7-4 中。

（5）更换柱面透镜放置在光路当中，用 CCD 摄像机在后面的不同位置来接收扩束后的光斑，了解与之前球透镜扩束后的光束变换差别。

表 7-4 高斯光束聚焦测量数据

透镜焦距 f	像距 S'	物距 S
200mm		
150mm		
100mm		

2）扩束系统的测量

保持测束腰系统不变。学生自行从实验设备箱中所放置的透镜组中选定合适的镜片组合，达到 2、3 倍透镜激光扩束镜组的效果，并通过软件中的直径测量功能，记录未扩束前的光斑直径和扩束后的光斑直径，并填入表 7-5 中。练习科学地对数据进行均值处理并做验证。

本实验系统中含有焦距为 50、+150、+100、+200 的镜片，可有多种不同的组合可能。

表 7-5　高斯光束扩束测量数据

透镜组合	未扩束时光斑直径	扩束后光斑直径	扩束倍数
f_1=　　f_2=			
f_1=　　f_2=			
f_1=　　f_2=			
f_1=　　f_2=			

任务 7.5　灯泵浦固体激光器开关机及谐振腔光束调整

1. 实验目的

掌握灯泵浦固体激光器的结构及开关机方法。
了解灯泵浦固体激光器谐振腔的组成结构。
熟悉灯泵浦固体激光器光束调整的基本步骤。

2. 实验原理

（1）灯泵浦固体激光器结构

灯泵浦固体激光打标机主要由激光器系统、声光调制系统、扫描振镜系统、计算机控制系统、冷却系统五大部分构成，如图 7-22 所示。

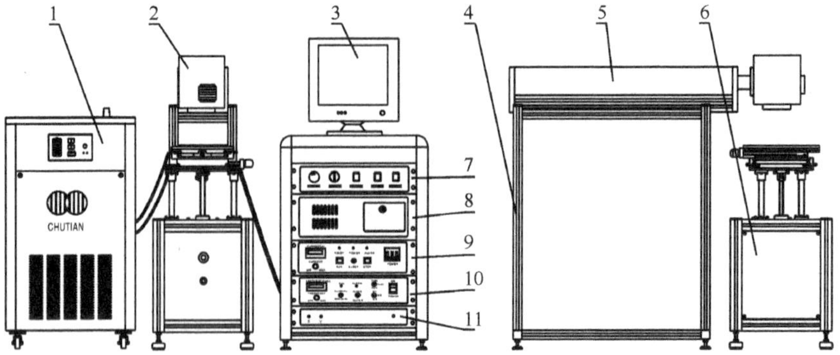

1—冷却系统；2—激光器；3—显示器；4—光具座支架；5—光具座；6—工作台；
7—控制盒；8—计算机主机；9—激光电源；10—声光电源；11—扫描驱动器

图 7-22　固体激光器焊接机组成部件

灯泵浦固体激光器的电源控制部分主要有三部分，分别是激光电源、声光电源及控制系统。图 7-23、图 7-24、图 7-25 分别为这三个部分面板示意图。

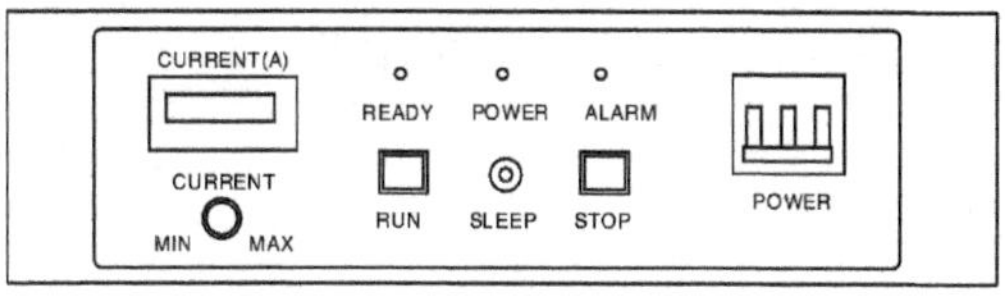

图 7-23　激光电源操作面

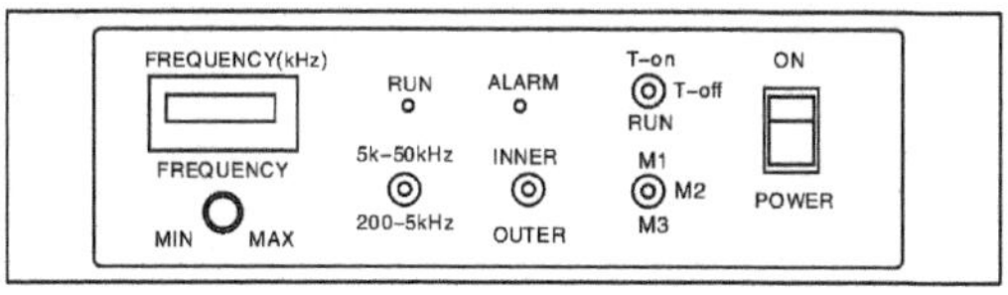

图 7-24　声光电源操作面板

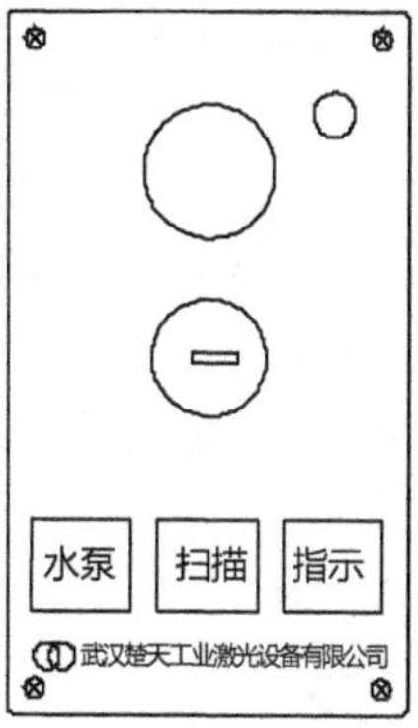

图 7-25　控制操作面板图

（2）光学谐振腔调整原理

根据前面项目 3 内容所述，光学谐振腔的结构及状态对激光输出产生了极为重要的影响。灯泵浦固体激光器一般都采用的是平行平面腔的结构。为了保证激光能够在平行平面腔中多次反射达到激光输出的放大条件，必须保证两个谐振腔腔镜的严格平行才能够使激光输出，因此本次实验的主要任务即调整两个腔镜的平行度保证激光输出。

3. 实验内容及步骤

1）光学谐振腔的调整

（1）红光调整：用专用调光块将激光器前端校准红光调好，要求调光块不管在远端还是近端都在一个点上，再将红光固定螺丝拧紧。调节方法：在靠近红光激光器时，调整前端三个旋钮；在远离红光激光器时，调节后端三个旋钮。再移动调光块，保证在中间过渡部分红光仍然不偏离。

（2）将全反射膜片装回原位，调整全反射膜片的位置角度，使最亮的一个反射点与校准红光光束点在截光屏上重合。截光屏可用一张白纸片代替，纸片与校准红光光束呈垂直放在全反镜的反光面。当指示光穿过全反膜片，如果膜片平面不与校准红光垂直，校准红光就会有折射现象，用白纸片挡在全反膜片与 YAG 晶体之间，除指示光主光点外还有折射光点在白纸上，调节膜片架上的调整螺钉使折射光点与指示光光点重合。这时全反膜片的位置基本就确定了。

（3）装上半反射膜片，调整膜片的位置及角度，使该膜片的反射光点与校准红光光束的光点及全反射膜片的反射光点在截光屏上重合。拿一张白纸，在白纸上打一小孔（比光点大 2 倍左右），将白纸放于输出镜与 YAG 晶体之间，使指示光从小孔穿过，光射到输出镜时，形成反射。这时除有主光点从小孔穿过外，还有反射光点在小孔四周的白纸上，调节膜片架上的调整螺钉使两个光点重合。

（4）经过上述调整后，YAG 晶体与膜片之间的位置已基本确定。可开启激光电源开关进行调试。激光器开启后按下 RUN 开关，待继电器吸合后，缓慢调整电位器旋钮，电流表显示 12A 左右即可。这时取出随机配备的激光转换片，放在输出镜与扩束镜之间，如果有激光输出，转换片上有绿色光斑显现，分别反复调整全反射膜片和半反射模片的微调螺钉，直到将激光阈值达到最低，光斑调到最大、最圆为止。此时，谐振腔光振状态的调整工作即结束。

如果没有绿色光斑显现，可将电流加到 15A 左右，分别微调前后膜片架上的螺钉，看有没有绿色光斑显现。如果还没有，重复指示光调整步骤，最终使激光输出。

2）激光器开机及关机步骤

（1）合上机柜后面主空气开关，电源指示绿灯亮。

（2）插入钥匙，顺时针转 90°。

（3）按下水泵开关，冷却系统工作，水泵接通。

（4）合上激光电源空气开关，按下 RUN 开关，5～10s 后自动点亮氪灯，电流表显示 7A 左右。

（5）调整旋钮，改变输出氪灯电流大小（电源内部设置电流在 7～25A，超过 33A 关掉 IGBT，超过 40A 切断主继电器）。

（6）依次打开计算机、扫描、声光、指示按钮。

（7）声光电源中调节合适的输出频率，激光器开机完成。

（8）激光器工作完成后，依次关闭指示、声光、扫描、计算机。

（9）调整旋钮，使输出氪灯电流置于最小 7A，关闭激光电源。

（10）最后等待 1min 关闭水泵开关，然后拉下空气开关，断开整机供电。

任务 7.6　灯泵浦固体激光器调 Q 及倍频实验

1. 实验目的

掌握灯泵浦固体激光器的调 Q 原理。

了解灯泵浦固体激光器的倍频原理。

熟悉灯泵浦固体激光器调 Q 及倍频的基本方法。

2. 实验原理

（1）调 Q 原理

由项目 4 任务 5 所述，调 Q 原理指的是采用某种办法使谐振腔在泵浦开始时处于高损耗低 Q 值状态，这时激光振荡的阈值很高，粒子密度反转数即使积累到很高水平也不会产生振荡；当粒子密度反转数达到其峰值时，突然使腔的 Q 值增大，导致激光介质的增益大大超过阈值，极其快速地产生振荡。这时储存在亚稳态上的粒子所具有的能量会很快转换为光子的能量，光子像雪崩一样以极高的速率增长，激光器便可输出一个峰值功率高、宽度窄的激光巨脉冲。调节谐振腔的 Q 值以获得激光巨脉冲的技术称为激光调 Q 技术。

灯泵浦激光打标机中常用的调 Q 元件是声光晶体，声光电源是声光晶体的电力驱动和控制电源，控制调制频率和脉宽。在激光腔内起调 Q 作用的声光 Q 开关，其作用是将连续的激光调制成所需的高峰值脉冲激光（频率：200～50kHz），由于 Q 开关器件的插入损耗，激光器的平均输出功率有所下降，但峰值功率大大提高，从而改善激光刻蚀的效果。

声光调制原理如图 7-26 所示。

（2）倍频原理

激光倍频利用非线性晶体在强激光作用下的二次非线性效应，使频率为 ω 的激光通过晶体后变为频率为 2ω 的倍频光，称为倍频技术，或二次谐波振荡。如将 1.06μm 的激光通过倍频晶体，变成 0.532μm 的绿光。倍频技术扩大了激光的波段，可获得更短波长的激光。

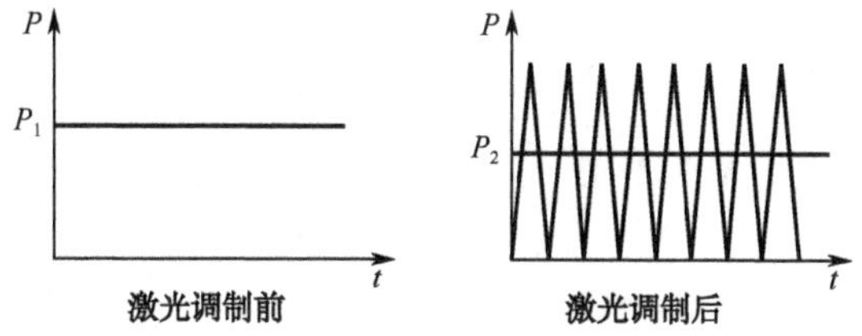

图 7-26 声光调制原理图

3. 实验内容及步骤

1）灯泵浦固体激光器调 Q

（1）将声光晶体装上光具座，插好射频线。

（2）按正常开机顺序开机，将激光电流调至 12A 左右，将声光电源拨到强制关状态，将转换片放于输出镜前面，此时应该看不到绿色的光斑。

（3）如果没有光斑，将激光电流调到 18A 还没有光斑，这时将声光电源调至强制开状态，此时转换片上应有很强的激光。然后迅速将声光电源拨到强制关，将激光电流调小。

（4）如果有光斑，就将声光晶体两边的两个螺钉松开，调整声光晶体的调节螺钉，使转换片上看不到光斑为止，将螺钉带紧，再将激光电流加大，看转换片上有无光斑出现，如有就按上面步骤调整声光晶体，这样反复调整使激光电流调整到 18A 还没有光斑。这时将声光电源调至强制开状态，此时转换片上应有很强的激光，迅速将声光电源拨到强制关，将激光电流调小至 12A 左右，这时可以看到将声光电源拨到强制开，就会有激光，拨到强制关就没有激光，证明激光调 Q 技术实验完成。

2）灯泵浦固体激光器倍频

（1）打开电源，打开红光校准器电源。

（2）将装有倍频晶体的膜片架安装在输出镜前面使红光从晶体中心通过。

（3）按正常开机顺序开机，将声光电源拨到强制开状态，调整激光电源电流（大概调到 10～12A），可以看到激光通过倍频晶体后变成可见的绿激光，适当调整倍频晶体角度，可看到绿激光有强弱变化的现象。

任务 7.7 激光打标机打标实验

1. 实验目的

了解激光打标机的结构及工作原理。

掌握激光打标机的调试方法及步骤，能熟练使用各种激光打标机完成打标任务。

2. 实验原理

（1）激光打标原理

激光标刻是用峰值功率较高激光照射工件时，加热至汽化、熔化，从而切移工件上的部分物质或使物质发生颜色变化，可分为物质去除、颜色变化、材料层次移动几种。目前常见的激光打标机包括灯泵浦激光打标机、光纤打标机、半导体泵浦 YAG 激光打标机、CO_2 激光打标机。

（2）激光打标机基本结构

激光打标机的基本结构如图 7-27 组成。

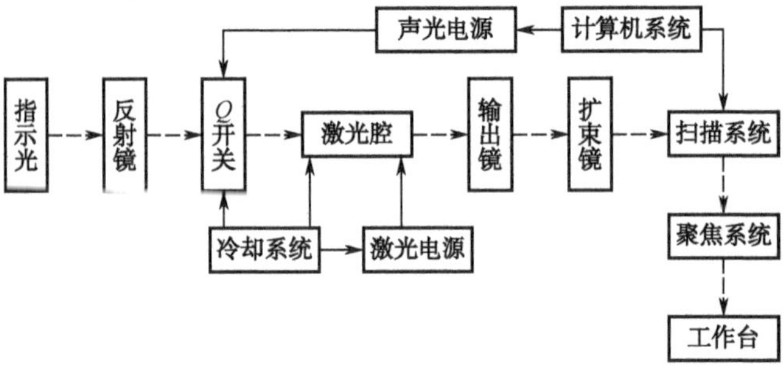

图 7-27　激光打标机结构示意图

3. 实验内容及步骤

本实验中主要使用的是 10W 光纤打标机。

（1）打开电源开关及工控机电源，激光器开机。

（2）打开打标软件，调节激光器焦点位置。可将激光功率调至 10%，任意输入标刻的文字，选择连续标刻。

（3）利用红光指示出标刻文字所在位置，进行激光标刻。

（4）在激光连续标刻过程中，调节激光头的滚轮，找到激光标刻的焦平面位置，并固定激光头，确定焦点。

（5）设置激光参数，将激光功率和激光标刻速度根据不同的标刻内容进行调整。

（6）可根据需求，在金属名片上标刻文字或图像。标刻文字时可以根据需要调整文字的大小、字体、弧排、填充。标刻图像时可根据图像质量选择合适的 DPI，调节图像的对比度、灰度，或进行反色处理等。

（7）完成标刻内容后，关闭工控机及激光电源。

任务 7.8　激光焊接机焊接实验

1. 实验目的

了解激光焊接机的结构及工作原理。

掌握激光焊接机的开机步骤，能熟练使用激光焊接机进行 PLC 编程并完成焊接任务。

2. 实验原理

激光焊接是一种材料连接，主要是金属材料之间连接的技术。它和传统的焊接技术一样，通过将材料连接区的部分熔化而将两个零件或部件连接起来。相较于激光打标机，激光焊接机的功率一般比较大，而且大多为脉冲输出式。目前光纤激光焊接机的应用也较为广泛，常用于大功率激光焊接领域。

3. 实验内容及步骤

本实验中使用灯泵浦 YAG 激光焊接机。

1）激光焊接机开关机

常见的灯泵浦 YAG 激光焊接机的操作面板如图 7-28 所示。液晶显示内容有“开机”（或“关机”）、“切换”、“程序号”、“电流 A”、“脉宽 ms”、“频率 Hz”和“光斑直径 mm”等。

按“选择”键，光标在液晶显示屏上移动至所需编辑或操作选项处；按“调节”键，光标所在处后面的数字减少可增加；按“OK”键，前面的编辑或操作得到确认。

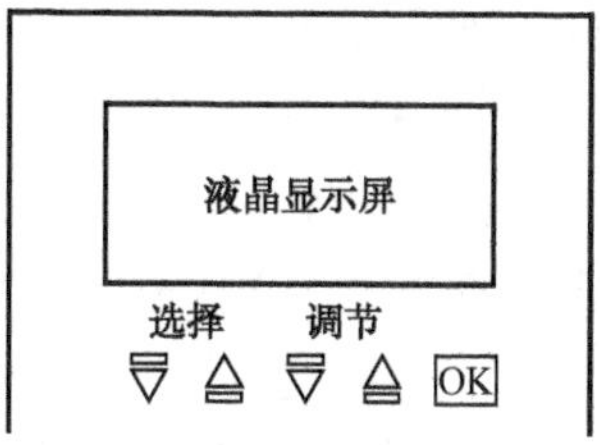

图 7-28 激光焊接机操作面板示意图

（1）开机

① 闭合空气开关，接通动力电源。

② 用钥匙开关接通电源。

③ 按“选择”键，将光标移动至“开机”处，按“OK”键。大约 75s 后，机器自动鸣笛一声，液晶显示“关机”，氙灯预燃成功。

（2）装载程序

预燃成功后，液晶屏上自动调出第一组焊接参数程序。在装载状态下，将光标移至“程序”处，按组合键↑或↓可逐个调用其他已储存的焊接参数程序。

（3）编程

本系统可以储存 99 组焊接参数程序。用户使用时可以选择适当焊接参数的程序进行焊接。程序编辑方法如下：

首先将光标移至“程序”处，按“调节”键，调出不同的参数组，找到该参数的编号，按“OK”键，进入该组参数的编辑状态。

将光标移至“电流”或“脉宽”处，按“调节”键，可设置电流或脉宽。将光标移至“分段号”，按“调节”键，设置参数在各段之间切换并对应各段的编号。增加波形段数，可按“调节”键，最多允许 15 段。如要删除某一波形段数，就将该段脉宽设置为“0”，再按“OK”键，则该段被删除。

（4）关机

按“选择”键，光标移至“关机”处，按“OK”键，5s 后，机器长鸣一声，主电源关断成功。再按“停机”按钮，关断控制电源。最后关断空气开关。此时按空气开关使整机断电。

每次开关机时，每个继电器的通断吸合按程序执行，用户仔细听是有一定规律的，如果在开机时听到继电器吸合不正常，如抖动或不规律等，有可能是印制板没有插到位或者是松动了，插紧后再开机。

2）激光焊接机焦点位置调整

激光焊接机开机完成后，可根据焊接板材厚度进行焦点位置调整。首先调节激光输出频率为 1Hz，按下激光键，激光输出。调节激光头的上下位置使激光打在板材上火光明亮，有“砰砰”清脆的声音，此位置为焦平面所在位置。若加工板材较薄，应采用正离焦状态，即焦点处于板材上方；若加工板材较厚，要求熔深较大应采用负离焦状态，即焦点处于板材下方。确定好焦点位置后不再调整焦点位置。

3）焊接轨迹定位

本实验中只要求学生完成两块不锈钢板的直线对接焊，可选择合适的夹具将预备焊接的不锈钢板固定并对接良好。利用激光焊接机的红光校准对准焊缝，移动工件平台，保证平台直线移动轨迹与工件焊缝吻合。

4）编写激光焊接程序

激光焊接机用 PLC 控制平台的步进电机、激光自动开关、光闸通断、气阀通断等，故完成不锈钢板焊接还需完成一套 PLC 程序编写。此处不再累述，以下程序作为参考。

```
O0，N0
N0      LD   M9097；              进入数控状态
N1      COD91（INC）；            以当前坐标为相对坐标
N2      SET   Y001；              接通 Y01 端，“启动”气阀
N3      SET Y002；                接通 Y02 端，“启动”光闸
N4      COD 04 （TIME）
K 50；                            延时等待 0.5s
N5      SET   Y003；              接通 Y03 端，出激光
N6      COD 04 （TIME）
K 100；                           延时等待 1s
N7       RST Y002；               撤除光闸
N8      COD 01（LIN）             插补直线指令，从起始点开始
X 100000                          X 轴走 1000mm，Y 轴 50mm
Y 50000
F 5000；                          速度为 5mm/s
N9       RST   Y003；             撤除激光
N10     COD 04 （TIME）
K 60；                            延时等待 0.6s
N11     RST   Y001；              撤除气阀
N12     M02（END）
```

5）激光焊接参数调整

在完成激光焊接的过程中，泵浦电流、脉冲宽度、输出频率、离焦量、气流速度等因素相关，要根据板材焊接的实际情况进行调整。一般泵浦电流和脉冲宽度的增加可以提高熔深，输出频率必须和步进电机的移动速度配合，才能达到更好的焊接效果。吹气方向可根据焊接时熔渣的方向进行调整，一般气嘴应跟随激光行进方向之后进行吹气。

6）完成两块不锈钢板的直线轨迹焊接任务，并检测其牢固程度。

参 考 文 献

[1] 陈家璧，彭润玲．激光原理及应用．北京：电子工业出版社，2015.

[2] 周炳琨，高以智，陈家骅．激光原理．北京：国防工业出版社，2000.

[3] 郭玉彬，霍佳雨．光纤激光器及其应用．北京：科学出版社，2008.

[4] 蓝信钜等．激光技术．北京：科学出版社，2000.

[5] 邱元武．激光技术和应用．上海：同济大学出版社，1997.

[6] 克西耐尔 W．固体激光工程[M]．北京：科学出版社，2002.

[7] 王中林，王绍理．激光加工设备与工艺．武汉：华中科技大学出版社，2011.

[8] 关振中．激光加工工艺手册．北京：中国计量出版社，2007.

[9] 曹凤国．激光加工技术．北京：北京科学技术出版社，2007.

[10] 齐立涛．超短脉冲激光微细加工技术．哈尔滨：哈尔滨工程大学出版社，2012.

[11] 李勇，曾令慧．1.064um 红外皮秒激光器远紫外石英玻璃精密划线工艺研究，应用激光，2015（4）：488-492.

[12] 何飞，程亚．飞秒激光微加工：激光精密加工领域的新前沿，中国激光，2007，34（5）：595-622.

[13] 范培迅，钟敏霖．超快激光制备金属表面微纳米抗反射结构进展，红外与激光工程，2016，45（6）：0621001-1-0621001-12.

反侵权盗版声明